Abdelmoumène Hakim Benmachiche
Said Abboudi
Chérif Bougriou

Calcul inverse du coefficient de transfert de chaleur local

Abdelmoumène Hakim Benmachiche
Said Abboudi
Chérif Bougriou

Calcul inverse du coefficient de transfert de chaleur local

Problèmes thermiques inverses dans un échangeur de chaleur

Presses Académiques Francophones

Impressum / Mentions légales

Bibliografische Information der Deutschen Nationalbibliothek: Die Deutsche Nationalbibliothek verzeichnet diese Publikation in der Deutschen Nationalbibliografie; detaillierte bibliografische Daten sind im Internet über http://dnb.d-nb.de abrufbar.
Alle in diesem Buch genannten Marken und Produktnamen unterliegen warenzeichen-, marken- oder patentrechtlichem Schutz bzw. sind Warenzeichen oder eingetragene Warenzeichen der jeweiligen Inhaber. Die Wiedergabe von Marken, Produktnamen, Gebrauchsnamen, Handelsnamen, Warenbezeichnungen u.s.w. in diesem Werk berechtigt auch ohne besondere Kennzeichnung nicht zu der Annahme, dass solche Namen im Sinne der Warenzeichen- und Markenschutzgesetzgebung als frei zu betrachten wären und daher von jedermann benutzt werden dürften.

Information bibliographique publiée par la Deutsche Nationalbibliothek: La Deutsche Nationalbibliothek inscrit cette publication à la Deutsche Nationalbibliografie; des données bibliographiques détaillées sont disponibles sur internet à l'adresse http://dnb.d-nb.de.
Toutes marques et noms de produits mentionnés dans ce livre demeurent sous la protection des marques, des marques déposées et des brevets, et sont des marques ou des marques déposées de leurs détenteurs respectifs. L'utilisation des marques, noms de produits, noms communs, noms commerciaux, descriptions de produits, etc, même sans qu'ils soient mentionnés de façon particulière dans ce livre ne signifie en aucune façon que ces noms peuvent être utilisés sans restriction à l'égard de la législation pour la protection des marques et des marques déposées et pourraient donc être utilisés par quiconque.

Coverbild / Photo de couverture: www.ingimage.com

Verlag / Editeur:
Presses Académiques Francophones
ist ein Imprint der / est une marque déposée de
OmniScriptum GmbH & Co. KG
Heinrich-Böcking-Str. 6-8, 66121 Saarbrücken, Deutschland / Allemagne
Email: info@presses-academiques.com

Herstellung: siehe letzte Seite /
Impression: voir la dernière page
ISBN: 978-3-8381-7976-6

Zugl. / Agréé par: Biskra, Université de Biskra, 2012

Résumé

Le présent travail concerne la simulation numérique inverse des problèmes de la conduction de chaleur dans les tubes lisses et les tubes à ailettes circulaires. Deux types de ces problèmes sont résolus et sont analysés : 1) l'estimation du coefficient de transfert de chaleur dépendant de l'espace et du temps sur les frontières des sections droites des tubes: 2) l'estimation de ce coefficient sur les ailettes circulaires. Les différents modèles mathématiques régissant ces problèmes inverses sont traités en utilisant la méthode des éléments finis en combinaison avec l'algorithme itératif du gradient conjugué.

Une grande partie de ce manuscrit est réservée à l'étude de transfert de chaleur sur les ailettes circulaires planes situées dans des faisceaux de tubes arrangés en lignes ou en quinconce. L'étude couvre une gamme étendue du nombre de Reynolds pour trois différentes positions du tube à ailettes dans l'échangeur.

i

Table des matières

vii

Liste des figures et tableaux

Liste des figures

Liste des figures et tableaux

Nomenclature

Alphabet latin

A	Surface de l'ailette plane (m^2)
A_φ	Surface d'une tranche de l'ailette d'angle φ (m^2)
a	Diffusivité thermique $(m^2\ s^{-1})$
c	Chaleur spécifique $(J\ kg^{-1}\ K^{-1})$
$[C_e]$	Matrice de capacité thermique élémentaire
Cs	Coefficients de sensibilité
D	diamètre (m)
d^k	Direction de descente à l'itération k
e	Epaisseur de l'ailette (m)
$[f_e]$	Vecteur des flux élémentaire
h	Coefficient de transfert local $(W\ m^{-2}\ K^{-1})$
$\overline{h_\varphi}$	Coefficient de transfert de chaleur moyen dans une tranche de l'ailette d'angle φ $(W\ m^{-2}\ K^{-1})$
H	Matrice représentant l'opérateur direct
J'	Gradient de la fonctionnelle J
$[K_e]$	Matrice de conductivité thermique élémentaire
L	Lagrangien
l_a	Hauteur d'une ailette (m)
l_e	Longueur d'une arrête d'un élément fini (m)
N	Fonction de forme
n_p	Paramètre de régularisation
n_x, n_y	Cosinus directeurs
N_c	Nombre de capteurs
nel	Nombre d'éléments dans le domaine de calcul Ω
$nnode$	Nombre de nœuds dans le domaine de calcul Ω
Nu	Nombre de Nusselt

Nomenclature

Pl	Pas de tubes longitudinal
Pr	Nombre de Prandlt
P_T	Pas de tubes transversal
Q	Flux de chaleur total (W)
r, z	Coordonnées cylindriques (m)
Re	Nombre de Reynolds
R	Rayon (m)
R(T)	Résidu
S	Espacement inter-ailettes (m)
S_T	Espacement inter-ailettes transversal (m)
t	Temps (s)
t_f	Temps final (s)
T	Température (°C)
Tmea	Température measurée (°C)
V	Vitesse de l'air (m s^{-1})
w	Fonction de pondération
x, y	Coordonnées cartésiennes (m)
r, z	Coordonnées spatiales (m)
Y	Température mesurée (adimensionnelle)
Z	Solution inverse

Symboles grec

α	Coefficient de schéma implicite
β	Profondeur de descente définie par (Eq. 3.58)
γ	Coefficient conjugué définie par (Eqs. 3.31 et 3.32)
λ	Conductivité thermique (W m^{-1} K^{-1})
δ_x	Fonction de Dirac
η	Efficacité de l'ailette
θ	Température adimensionnelle
Γ	Frontière du domaine de calcul
ρ	Masse volumique (Kg m^{-3})
σ	Ecart type entre les températures calculée et estimée (°C)
φ	Angle (deg)

Nomenclature

ν	Viscosité cinématique
μ	Paramètre de régularisation de Tihkonov
ψ	Multiplicateur de Lagrange
Ω	Domaine de calcul
Ω(x)	Fonction de régularisation
δθ	Fonction de sensibilité
ε	Erreur moyen (%)
ω	Coefficient de relaxation

Indices

0	Base da l'ailette circulaire
1	Bordure extérieure de l'ailette circulaire
f	Ambiant
m	Point de mesure de température
w	Eau

Exposants

(k)	Nombre d'itérations

Introduction

Dans les applications industrielles dont les échangeurs de chaleur font partie (climatisation, chauffage, récupération de chaleur.....), il existe plusieurs types d'appareils. Les plus utilisés sont ceux à faisceaux de tubes lisses ou de tubes ailetés. Parmi les configurations de base de ces échangeurs, on cite:

- Tubes lisses à sections circulaires, elliptiques ou carrées;

- Tubes munis d'ailettes planes continues ou d'ailettes planes indépendantes (circulaires, rectangulaires....).

Le dimensionnement des échangeurs de chaleur passe par le calcul du coefficient de transfert de chaleur dans ceux-ci. Dans la majorité des cas pratiques, on fait recours à des relations empiriques qui sont basées sur des hypothèses simplificatrices telles que l'admission d'une valeur moyenne constante de ce paramètre pour toute la surface de transfert. Néanmoins, La connaissance du coefficient d'échange local est très importante pour les études des phénomènes d'encrassement, de condensation, de corrosion etc. sur des tubes lisses ou à ailettes.

Durant ces dernières années, l'intérêt considérable de fabriquer des échangeurs de plus en plus compacts et d'améliorer leurs efficacités a conduit à chercher diverses techniques d'intensification d'échange thermique.

Parmi les techniques d'intensification utilisées dans la conception des échangeurs de chaleur à faisceaux de tubes, l'utilisation des ailettes permet d'augmenter la surface d'échange de chaleur et de modifier la structure de l'écoulement autour des tubes, donc d'augmenter le coefficient de transfert de chaleur.

Les premières investigations sur l'estimation du coefficient de transfert de chaleur local dans les échangeurs de chaleur ont été effectuées par des méthodes expérimentales telles que la technique de sublimation de naphtaline basée sur l'analogie entre le transfert de masse et le transfert de chaleurs.

A notre époque, les progrès des outils informatiques et le développement de nouvelles techniques numériques ont créés des opportunités d'estimation de ce coefficient d'échange thermique local. L'approche inverse constitue un outil indispensable dans les procédures d'estimation.

Les méthodes inverses appliquées aux problèmes thermiques dans les échangeurs de chaleurs consistent, à partir de mesures en un ou plusieurs points choisis à l'intérieur ou sur les frontières des tubes et/ou des ailettes, à déterminer le coefficient d'échange thermique local. La recherche de la solution se fait à travers la confrontation du champ de température calculé par le modèle direct avec les mesures prises.

Les mesures de températures dont on dispose comme données pour les problèmes inverses sont en général entachés d'erreurs, ce qui provoque mathématiquement l'instabilité de la solution. Pour pallier à l'inexistence de la solution, les chercheurs à savoirs, Tikhonov, Alifanov, Artyukhin, etc... ont proposé des techniques dites de régularisation telles que la méthode de Tikhonov et la méthode itérative.

Le présent travail s'inscrit dans ces préoccupations et concerne la détermination du coefficient de transfert de chaleur local sur des tubes lisses et/ou à ailettes circulaires situés dans un faisceau aligné ou quinconcé. Pour cette étude, en utilisant la méthode du gradient conjugué combiné avec la méthode des éléments finis, nous résolvons deux types de problèmes inverses :

- Le premier problème concerne l'estimation du coefficient de transfert de chaleur local $h(x, y, t)$ qui peut être variable en temps et en espace sur les frontières des tubes et des ailettes pour des configurations axisymétriques et bidimensionnelles.

- Le deuxième problème consiste à identifier le coefficient de transfert de chaleur local $h(x, y, t)$ intervenant dans l'équation aux dérivées partielles (équation de la chaleur) modélisant le transfert thermique dans le domaine des ailettes circulaires.

Le premier chapitre de cette thèse présente les travaux théoriques de la littérature, réalisés numériquement ou/et expérimentalement sur l'estimation du coefficient de transfert de chaleur dans des échangeurs à tubes lisses ou à ailettes. Dans ce même chapitre, nous avons déterminé tous les modèles mathématiques des problèmes directs concernant notre étude.

Après avoir développé la méthode des éléments finis, déterminé les systèmes algébriques et montré la méthodologie de leurs résolutions numériques dans le deuxième chapitre, nous présentons aussi la validation du module DIRECT qu'on a développé pour résoudre les trois problèmes (direct, sensitive et adjoint).

Nous commençons par exposer dans le troisième chapitre le caractère mal posé des problèmes inverses et les méthodes de régularisation qui peuvent les résorber. Une présentation des diverses techniques de résolution des PICC est effectuée. Dans ce même chapitre nous développons en détails la méthode du gradient conjugué en décrivant son algorithme et en formulant ses trois problèmes principaux : direct, de sensibilité et adjoint.

Le quatrième chapitre est réservé aux résultats numériques des différentes applications étudiées dans ce mémoire de thèse. L'influence des paramètres essentiels d'un calcul inverse (maillage, nombre et positions des capteurs, bruit de mesures) est examinée. Avant la présentation des résultats, la validation du code de calcul est réalisée d'une part par des exemples test et, d'autre part, par une comparaison avec différents travaux de renommés de la littérature.

Cette thèse est clôturée par une conclusion générale et des perspectives.

Chapitre 1

Synthèse bibliographique

1.1. Rappel sur le transfert de chaleur et sur les échangeurs de chaleur

1.1.1. Transfert de chaleur par convection

On distingue trois modes de transfert de chaleur : la conduction, la convection et le rayonnement. Le transfert de chaleur par convection est dû à la différence de température entre une paroi solide à température T_p et un fluide en mouvement libre ou forcé à température T_f. En réalité, la convection est un mode de transport d'énergie par l'action combinée du transport de matière par agitation et de la conduction thermique à l'intérieur du fluide.

1.1.2. Coefficient de transfert de chaleur

La quantité de chaleur qui traverse un élément d'aire dA sur la paroi solide pendant le temps dt est donné par la relation de Newton :

$$d^2Q = h(T_p - T_f)ds\, dt \tag{1.1}$$

T_p et T_f sont respectivement, la température de la paroi et la température de son milieu environnant.

h est le coefficient de transfert de chaleur par convection. Il dépend :

- de la géométrie et de la rugosité de la paroi.

- des propriétés physiques du fluide (masse volumique, viscosité, rugosité, chaleur spécifique, conductivité thermique).

- de l'écoulement du fluide (régime d'écoulement).

1.1.3. Echangeurs de chaleur

Un échangeur de chaleur est un appareil qui facilite le transfert de chaleur entre deux fluides ou plus. Le plus souvent, ce transfert s'effectue par l'intermédiaire d'un solide (paroi).

La compacité de cet appareil est régie par les flux de transfert de chaleur aux parois. Parmi les techniques d'intensifications qui consistent à augmenter ces flux, l'utilisation des ailettes permet d'augmenter l'intensité de la turbulence dans la couche limite et la surface d'échange de chaleur.

Compte tenu de leurs nombreuses applications industrielles, il existe une grande diversité d'échangeurs de chaleur. Dans cette thèse, on cite les plus répandus dans les applications pratiques : échangeur à double ou à triple tubes coaxiaux, échangeur à tube et calendre, échangeur à plaques et joints, échangeur à ailettes.

1.1.3.1. Echangeur tubulaire à ailettes

Les échangeurs tubulaires à ailettes appelés batteries à ailettes sont employés pour la climatisation, le chauffage, le conditionnement d'air, la récupération de chaleur,…etc. On rencontre dans les diverses branches les batteries à ailettes continues et les batteries à ailettes indépendantes, voir figure 1.1.

6

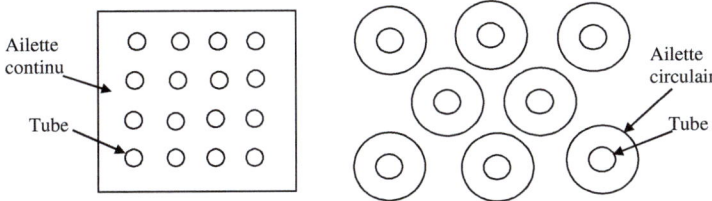

Figure 1.1 : *Ailettes continues et ailettes indépendantes.*

1.1.3.2. Différents types d'ailettes

Les ailettes sont des lames métalliques de différentes formes, dans les batteries de tubes à ailettes, elles sont fixées sur des conduits circulaires ou rectangulaires. Elles permettent d'augmenter l'échange thermique entre un corps solide et le milieu environnant en faisant augmenter la surface d'échange.

Dans la conception des échangeurs de chaleurs industriels à faisceaux de tubes à ailettes indépendantes, on distingue deux catégories essentielles d'ailettes : ailettes transversales et longitudinales, voir figure 1.2.

La forme des ailettes transversales, peut être carrée, rectangulaire, circulaire, elliptique, etc.

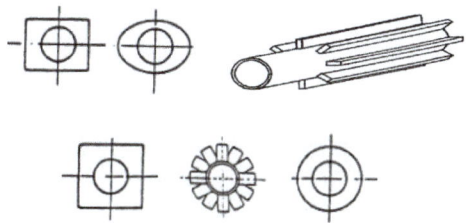

Figure 1.2 : *Formes des ailettes indépendantes.*

1.1.4. Corrélations pour le calcul des coefficients de transfert de chaleur

Les problèmes de convection de chaleur dans les échangeurs à faisceau tubulaire à ailettes sont compliqués. Pour calculer les coefficients de transfert de chaleur dans ces échangeurs, il est nécessaire d'avoir recours à des méthodes numériques ou à l'analyse dimensionnelle combinée à l'expérience qui conduit à établir des relations empiriques pour calculer les valeurs approchées de ces coefficients.

Avant de décrire les corrélations les plus importantes du transfert de chaleur par convection dans des échangeurs à tubes lisses ou à tubes ailetés, donnons les définitions des nombres adimensionnels desquels dépend le flux de chaleur.

- Le nombre de Nusselt

C'est le rapport du gradient thermique au voisinage de la paroi, à celui de milieu environnant.

$$Nu = \frac{h\,L}{\lambda_f} \qquad (1.2)$$

L étant la longueur caractéristique de l'échangeur, qui est défini par [1] $L = \frac{\pi D}{2}$.

- Le nombre de Reynolds

Le nombre de Reynolds peut être interprété physiquement comme le rapport des forces d'inertie aux forces de viscosité

Dans la référence [1], le nombre de Reynolds pour les échangeurs tubulaires est défini par :

$$\mathrm{Re} = \frac{VL}{\psi v} \qquad (1.3)$$

où $\psi = 1 - \frac{\pi}{(s/D)}$, s représente la distance entre deux tubes et d le diamètre extérieur des tubes.

Dans le domaine des échangeurs tubulaires à ailettes circulaires, **Mon et al** [2], **Bougriou et al** [3] ont utilisé la relation ci-après pour exprimer le nombre de Reynolds.

$Re = \dfrac{\rho V_{max} d}{\mu}$, où V_{max} représente la vitesse dans le passage inter-tubes.

- *Le nombre de Prandlt*

C'est le rapport de la diffusivité de la quantité de mouvement à la diffusivité thermique.

$$Pr = \dfrac{C_p \rho v}{\lambda} \tag{1.4}$$

Le transfert de chaleur par convection forcée dans les échangeurs est, dans la majorité des cas, décrit par la relation suivante :

$$N_u = C \, Re^n \, Pr^m \tag{1.5}$$

Les coefficients C, n et m varient selon les paramètres géométriques de l'échangeur, la nature de l'écoulement et selon la viscosité du fluide.

1.1.4.1. Nombre de Nusselt moyen pour un faisceau de tubes lisses

La valeur moyenne du nombre de Nusselt autour d'un tube lisse de section circulaire pris à l'intérieur d'un faisceau de tubes peut être calculée par les expressions suivantes [4] :

- *Arrangement en ligne*

$$N_u = 0.27 \, Re^{0.63} \, Pr_f^{0.36} \left(\dfrac{Pr_f}{Pr_s} \right)^{0.25} \tag{1.6}$$

avec, Pr_f et Pr_s le nombre de Prandlt calculé à la température de l'écoulement moyen et le nombre de Prandlt calculé à la température de la paroi du cylindre respectivement.

- *Arrangement en quinconce*

pour $\frac{P_L}{P_T} \langle 2$, $\quad N_u = 0.35 \left(\frac{P_L}{P_T} \right)^{0.2} \text{Re}^{0.60} \text{Pr}_f^{0.36} \left(\frac{\text{Pr}_f}{\text{Pr}_s} \right)^{0.25}$ $\qquad (1.7)$

pour $\frac{P_L}{P_T} \rangle 2$, $\quad N_u = 0.4 \text{Re}^{0.60} \text{Pr}_f^{0.36} \left(\frac{\text{Pr}_f}{\text{Pr}_s} \right)^{0.25}$ $\qquad (1.8)$

avec, P_L et P_T sont les pas longitudinal et transversal respectivement.

Les auteurs **Gnielinski, Zukauskas et Skrinska** [1] ont décrit en détail le calcul du nombre de Nusselt global et le coefficient de transfert thermique moyen dans un faisceau de tubes lisse pour les deux configurations géométriques.

1.1.4.2. Nombre de Nusselt moyen d'un faisceau de tubes ailetés

On cite ici les corrélations qui possèdent des domaines de validité étendus [5].

- *Faisceau quinconcé*

$$N_u = 0.29 \text{Re}^{0.633} \text{Pr}_f^{1/3} \left(\frac{S_a}{S} \right)^{-0.17} \qquad (1.9)$$

Cette corrélation empirique s'applique pour $1000 \langle \text{Re} \langle 40000$ et $4 \prec \frac{S_a}{S} \prec 34$

avec, S_a est la surface d'échange de chaleur de tube aileté par mètre et s est la surface d'échange de chaleur par mètre de tube lisse équivalent.

On retrouve dans la littérature des corrélations proposées par d'autres auteurs comme **Briggs et Young** [6] :

$$N_u = 0.134 \text{Re}^{0.681} \text{Pr}_f^{1/3} \left(\frac{S_a}{l_a} \right)^{-0.2} \left(\frac{S_a}{\delta_a} \right)^{0;1134} \qquad (1.10)$$

Pour : $1000 \langle \text{Re} \langle 10000$

avec, δ_a est l'épaisseur de l'ailette, S_a est le pas entre ailette et l_a est l'hauteur de l'ailette.

- *Faisceau aligné*

Dans la référence [5], on trouve la corrélation suivante :

$$N_u = 0.67 Nu \text{ (faisceau quinconcé)} \tag{1.11}$$

pour, $1000 \langle \text{Re} \langle 40000$ et $4 \langle \frac{S_a}{S} \langle 34$

1.1.4.3. Tube unique à ailette circulaire

Recemment, **Watel et Harmand** [7] ont proposé une corrélation pour calculer le coefficient d'échange thermique sur une ailette circulaire située dans un tube aileté.

$$N_u{}^{iso} = 0.446 \left[(\frac{\delta}{S} + 1)\left(1 - \frac{K^*}{(S/D)^b (\text{Re})^{0.07}}\right) \right]^{0.55} \text{Re}^{0.55} \tag{1.12}$$

où, S/D est le rapport entre l'espacement inter-ailettes et le diamètre extérieur du tube, pour, $2550 \leq \text{Re} \leq 42000$

Les paramètres b et κ^* sont donnés par :

$b = .27$, $K^* = 0.62$ pour $0.034 \leq S/D \leq 0.14$ et $b = .55$, $K^* = 0.36$ pour $S/D \geq 0.14$

Dans cette corrélation, le nombre de Nusselt est défini par la relation suivante :

$$N_u{}^{iso} = \frac{\overline{h_d}^{iso} D_0}{\lambda_{air}} \tag{1.13}$$

Pour calculer $\overline{h_D}^{iso}$, on suppose que la température de toute l'ailette est égale à la température de la base de l'ailette.

Chen[8], en se basant sur les résultats de son étude et de celle de Hu et Jacobi [9], a proposé une nouvelle corrélation.

$$N_u{}^{iso} = 16.5185 d_0 \left[(2.54 \frac{\delta}{S} + 0.6925) \text{Re}\left(1 - \frac{K^*}{(S/D)^b (\text{Re})^{0.07}}\right) \right]^{0.55} \left(\frac{1}{V_{air}}\right)^{0.123} \tag{1.14}$$

1.2. Mise en équations des problèmes de conduction de chaleur

Dans cette partie nous commençons par rappeler quelques définitions usuelles relatives à la conduction de chaleur. Ensuite, nous décrivons les équations qui régissent ce mode de transfert de chaleur dans les tubes de géométries quelconques et dans les ailettes circulaires.

1.2.1. Définitions relatives à la conduction de chaleur

1.2.1.1. Densité de flux de chaleur

Si on considère un matériau occupant un domaine Ω. Soit une surface élémentaire dA sur une des frontières du domaine Ω de normale unitaire extérieure $\vec{n}$. Le flux de chaleur ϕ qui représente la chaleur transmise à travers dA dans une unité de temps est donnée par l'expression suivante :

$$\phi = \frac{dQ}{dt} \tag{1.15}$$

La densité de flux thermique q représentant le flux de chaleur à travers la surface dA est défini par :

$$q = \frac{d\phi}{dA} \tag{1.16}$$

D'une manière générale, le flux thermique peut s'écrire par la relation suivante :

$$d\phi = \vec{q}.\vec{n}\, dA \tag{1.17}$$

1.2.1.2. Conductivité thermique

La loi fondamentale qui décrit le processus de la diffusion de chaleur est telle que la densité de flux $\vec{\varphi}$ en un point est une fonction linéaire du gradient de température. C'est la loi de Fourier.

$$\vec{\varphi} = -\lambda\, \overrightarrow{grad}\, T \tag{1.18}$$

où λ est la conductivité thermique en fonction de la température. Dans le cas de la conduction anisotrope bidimensionnelle, la conductivité thermique est un tenseur de rang deux.

$$\lambda = \begin{bmatrix} \lambda_{11} & \lambda_{12} \\ \lambda_{21} & \lambda_{22} \end{bmatrix} \tag{1.19}$$

Pour un matériau orthotrope, la conductivité thermique se caractérise de telle façon que : $\begin{cases} \lambda_{11} \neq \lambda_{22} \\ \lambda_{ij} = 0;\ i \neq j \end{cases}$

Le milieu isotrope est un cas particulier simple du milieu orthotrope : $\lambda_{11} = \lambda_{22}$.

1.2.1.3. Flux de chaleur dissipé par une ailette circulaire

Le rapport entre la surface latérale de l'ailette et sa surface totale $R_a \delta / ((R_0^2 - R_1^2) + R_0 \delta)$ est généralement très petit. Pour cela, généralement, on néglige dans les calculs le flux de chaleur transmis par convection sur la surface latérale.

De cette hypothèse, le flux de chaleur total dissipé par l'ailette a pour expression :

$$\phi = 2 \int_A h(x,y,t)[T(x,y,t) - T_f] dA \qquad (1.20)$$

avec, $h(x,y,t)$ et $T(x,y,t)$ sont respectivement, les coefficient d'échange de chaleur local et la température sur la surface élémentaire dA.

Le coefficient d'échange de chaleur moyen sur toute l'ailette est défini par :

$$\bar{h} = \int_A h(x,y,t)[T(x,y,t) - T_f] dA \Big/ A_{ail} \qquad (1.21)$$

1.2.1.4. Efficacité de l'ailette

L'efficacité de l'ailette η_{ail} définit les performances de l'ailette en comparant le flux réel dissipé à celui qui serait dissipé par la même ailette si la température serait uniforme et égale à celle de la base T_0. Ainsi l'efficacité de l'ailette η_{ail} peut être exprimée par :

$$\eta_{ail} = \frac{\int_A h(x,y,t)[T(x,y,t) - T_f] dA}{\bar{h} A_{ail}(T_0 - T_f)} \qquad (1.22)$$

1.2.2. Equations de la chaleur et les conditions aux limites et initiales

1.2.2.1. Equation de la conduction de chaleur pour les problèmes bidimensionnels et axisymétrique

En faisant un bilan d'énergie sur un domaine v, d'après le premier principe de la thermodynamique : La quantité de chaleur élémentaire correspondante à la variation d'énergie interne dans dv par unité de temps comprend la puissance échangée sur la surface entourant dv et la puissance engendrée dans dv.

L'équation traduisant ce bilan d'énergie est :

$$\int_s \vec{\varphi}.\vec{n}.ds + \int_v \dot{Q}\,dv = \int_v \rho c \frac{\partial T}{\partial t}\,dv \tag{1.23}$$

Appliquons le théorème d'Osrogradsky pour le premier terme, cette équation sera :

$$-div\,\vec{\varphi} + \dot{Q} = \rho c \frac{\partial T}{\partial t} \tag{1.24}$$

Pour le milieu orthotrope, compte tenu de l'équation de Fourier (1.18), et sans puissance engendrée, l'équation de la chaleur (1.24) s'écrit :

- En coordonnées cartésiennes (problèmes bidimensionnels) :

$$\frac{\partial}{\partial x}\left(\lambda_{11} \frac{\partial T}{\partial x}\right) + \frac{\partial}{\partial y}\left(\lambda_{22} \frac{\partial T}{\partial y}\right) = \rho c \frac{\partial T}{\partial t} \tag{1.25}$$

- En coordonnées cylindriques (problèmes axisymétriques) :

$$\frac{1}{r}\frac{\partial}{\partial r}\left(\lambda_{11} r \frac{\partial T}{\partial r}\right) + \frac{\partial}{\partial z}\left(\lambda_{22} \frac{\partial T}{\partial z}\right) = \rho c \frac{\partial T}{\partial t} \tag{1.26}$$

La résolution de ces équations nécessite la connaissance, d'une part de la condition initiale, d'autre part la loi de variation de la température ou de sa dérivée normale sur la surface limite.

1.2.2.2. Equation de la conduction de chaleur dans une ailette circulaire

L'équation traduisant le bilan thermique pour un élément dv de l'ailette est :

$$\int_v -div\,\vec{\varphi}\,dv + \int_v \dot{Q}\,dv = \int_v \rho c\,\frac{\partial T}{\partial t}\,dv \qquad (1.27)$$

où le deuxième terme de cette équation représente le flux de chaleur transmis par l'élément dv au fluide entourant.

Dans le cas d'un matériau orthotrope, l'équation de conduction de chaleur dans une ailette circulaire s'écrit :

$$\frac{\partial}{\partial x}\left(\lambda_{11}\frac{\partial T}{\partial x}\right) + \frac{\partial}{\partial y}\left(\lambda_{22}\frac{\partial T}{\partial y}\right) - 2\frac{h}{e}(T - T_f) = \rho c\,\frac{\partial T}{\partial t} \qquad (1.28)$$

La résolution de ces équations nécessite la connaissance de la condition initiale et la loi de variation de la température ou de sa dérivée normale sur la frontière du domaine de calcul.

1.2.2.3. Conditions aux limites et initiales

-Conditions aux limites

La surface limite Γ peut être scindée en plusieurs surfaces adjointe Γ_i selon les types de conditions aux limites imposées sur celles-ci. Par exemple, sur une frontière Γ_1 la condition de la température imposée : $T_\Gamma = f_1(x_{\Gamma_1}, y_{\Gamma_1}, t)$, sur Γ_2 la condition de flux imposé : $-\lambda\overrightarrow{grad\,T}.\vec{n} = f_2(x_{\Gamma_2}, y_{\Gamma_2}, t)$ et sur Γ_3 une condition de transfert par convection est imposée : $-\lambda\overrightarrow{grad\,T}.\vec{n} = h(T - T_f)$.

-Condition initiale

A l'instant $t = 0$, on impose une distribution initiale de température à l'intérieur du domaine v et sur sa surface limite Γ : $T(x, y, 0) = T0$.

1.3. Analyse théorique

Plusieurs études numériques et algorithmes de résolution de problèmes inverses liés à la conduction de chaleur PICC ont été envisagés dans le but d'estimer les conditions aux frontières, les conditions initiales ou les sources de chaleur [10-15]. Cependant, peu de travaux ont traité les problèmes inverses pour déterminer la densité du flux de chaleur et le coefficient d'échange de chaleur sur les parois intérieures et extérieures des tubes et sur les ailettes circulaires planes dans des faisceaux de tubes à ailettes.

Les travaux de la littérature réalisés sur l'estimation du coefficient d'échange de chaleur, peuvent être divisés en deux groupes :

- Le premier groupe où l'estimation est complètement basée sur l'expérimental sans faire recours aux méthodes numériques.

- Le deuxième groupe où l'estimation se fait en résolvant les PICC.

Parmi les auteurs traitant les différents types de problèmes inverses de la conduction de la chaleur, on retrouve **Abou khachfe et Jarny**. Dans leur publication [16], ils ont mené une étude numérique et expérimentale pour résoudre deux différents problèmes inverses de la conduction de chaleur bidimensionnelle par la méthode des éléments finis en conjonction avec la méthode du gradient conjugué. Le premier problème concerne l'estimation du coefficient de transfert de chaleur dépendant de la température sur une frontière d'un domaine bidimensionnel. Le deuxième concerne l'estimation simultanée de la position et de l'intensité d'une ou de deux sources de chaleurs ponctuelles. Les auteurs ont montré à l'aide d'un dispositif expérimental qu'il est possible d'estimer simultanément la position et la variation de l'intensité en fonction du temps d'une ou deux sources de chaleur.

Huang et al. [17-20] ont traité plusieurs problèmes inverses de la conduction thermique par les méthodes itératives de descentes. Dans l'article [19], en utilisant la méthode de plus forte pente en conjonction avec le code CFX4.2, ils ont présenté une étude tridimensionnelle transitoire pour estimer le flux de chaleur sur la frontière d'un domaine de géométrie irrégulière. Leurs résultats montrent pour des bruits de mesures appliquées sur la température allant jusqu'à 3%, un très bon accord entre les flux thermiques exacts et estimés. Toute fois, l'annulation des multiplicateurs de Lagrange dans le problème adjoint au temps final (condition finale) provoque l'éloignement de la solution estimée de la solution exacte lorsqu'on se rapproche à ce temps.

Lin et al. [21] ont présenté une simulation inverse linéaire de la conduction de chaleur bidimensionnelle en régime stationnaire. Ils ont choisi la technique des différences finies en conjonction avec la méthode par inversion pseudo matricielle (solution au sens de moindres carrés) pour estimer la condition thermique aux frontière dans la section droite d'un cylindre plein chauffé par une source de chaleur placée à son centre. Sa paroi extérieure est exposée à un flux d'air. Dans cet article, comme il est indiqué dans leurs résultats, les auteurs ont étudié d'une part, l'effet du nombre de Reynolds sur le transfert de chaleur autour du cylindre, et d'autre part, l'efficacité de la méthode inverse utilisée à traiter ce genre de problèmes. Comme résultats, on peut citer :

- Le nombre de Nusselt atteint un minimum dans la zone située à $\varphi = 120°$ (l'angle avec le point d'impact de l'écoulement) qui correspond au point de séparation de l'écoulement.

- Le nombre de Nusselt augmente lorsque le nombre de Reynolds augmente.

- La méthode inverse utilisée permet facilement d'extraire la solution même si on additionne aux mesures exactes des erreurs allant jusqu'à 3%.

Pesquitti et Le Nilio [22] ont estimé le coefficient de transfert de chaleur local en fonction de l'angle polaire à la périphérie d'un tube cylindrique à partir des mesures de températures internes. Pour la méthode inverse utilisée, les auteurs ont choisi la technique des éléments de frontière en conjonction avec la méthode de régularisation de Tikhonov avant de résoudre le système d'équations obtenu au sens des moindres carrés. Ils ont montré l'adéquation de la méthode des éléments de frontière au traitement des problèmes inverses de conditions aux frontières.

Cependant, la disposition de mesures de qualité en des endroits soigneusement choisis est nécessaire.

D'après notre recherche bibliographique concernant la détermination du coefficient thermique sur les ailettes des échangeurs de chaleur, il apparait qu'il existe un certain nombre d'études qui ont été effectuées expérimentalement.

Neal et Hitchcock [23] ont été parmi les premiers à étudier expérimentalement le transfert de chaleur autour des ailettes circulaires situées dans des faisceaux de tubes à ailettes. Ils ont calculé les coefficients de transfert de chaleur à partir des mesures de températures et des flux de chaleur locaux prises sur les surfaces des ailettes. Dans cette référence, les résultats montrent que l'échange de chaleur se fait principalement sur la partie frontale de l'ailette que sur le reste de la surface. Ils montrent aussi que la distribution du coefficient de transfert de chaleur local sur les ailettes est liée à la configuration de l'écoulement autour de celles ci (couche limite, tourbillons….).

Saboya et Sparrow [24] ont mesuré par la technique de sublimation de naphtalène le coefficient de transfert de masse sur les ailettes planes continues dans un échangeur à deux rangées de tubes à ailettes. En utilisant l'analogie entre le transfert de chaleur et de masse, les auteurs ont étudié les performances et les mécanismes de transfert de chaleur (horseshow, couche limites…) sur les ailettes. Les auteurs ont constaté que l'effet de la couche limite sur le transfert de chaleur est presque négligeable dans la deuxième rangée de tubes et que les tourbillons qui se développent devant les tubes sont les seuls qui favorisent le transfert de chaleur dans cette rangée. Ils ont aussi observé, pour un nombre de Reynolds égal à 2500, une augmentation de 50% du coefficient de transfert thermique local maximum en allant de la première rangée vers la deuxième rangée.

Sung et al. [25] ont également réalisé des expériences pour mesurer, en utilisant la technique de sublimation naphtalène, le coefficient de transfert de masse local autour de la paroi extérieure d'un tube muni d'ailettes. L'étude a été conduite pour $3300 \le Re \le 80000$ et pour trois valeurs du rapport entre l'espacement inter-ailettes et leurs hauteurs ($s/l_a = 0.05, 0.15$ et 0.40). Les résultats expérimentaux fournis dans cet article prouvent que le coefficient de transfert de chaleur sur le front du tube est élevé pour la grande valeur de s/l_a. Tandis que sur la partie arrière du tube, celui-ci est élevé pour la petite valeur de s/l_a. Les résultats montrent aussi que le coefficient de transfert de masse moyen augmente avec l'augmentation du nombre de Reynolds et il atteint un maximum lorsque $s/l_a = 0.15$. Cependant, celui-ci demeure constant lorsque $s/l_a \rangle 0.2$.

Des études expérimentales similaires ont été développées par **Rosman et al.** [26] et **Rocha et al.** [27]. Ils ont déterminé les coefficients de transfert de chaleur locaux et moyens pour les tubes à sections circulaires et elliptiques dans des échangeurs tubulaires à ailettes continues.

Jin-yoon Kim et al. [28] ont analysé par la technique de la sublimation de naphtalène l'effet du rapport entre la distance inter-tubes et de leurs diamètres (S/D) pour deux valeurs du nombre de Reynolds 1770 et 2660 sur le transfert de chaleur dans un échangeur à ailettes planes continues et à deux rangées de tubes. Ils ont constaté qu'avec l'augmentation du rapport (S/D), les transferts de chaleur et de masse sur les ailettes augmentent et il atteignent l'état de saturation à $(S/D) = 0.5$. Pour la grande valeur du nombre de Reynolds, l'effet de ces paramètres sur le transfert de chaleur devient très important.

Yoo et al. [29] ont analysé dans leur publication les effets du pas des tubes, le rang des tubes et du nombre de Reynolds sur le transfert de chaleur dans un échangeur tubulaire à ailettes continues dont les tubes sont arrangés en quinconce. La technique de sublimation de naphtalène a été employée pour calculer le coefficient de transfert de chaleur local. Les résultats de l'étude réalisée sur un tube unique pour $Re = 9800$ et pour $Re = 19400$ montre que le nombre de Nusselt est maximum au point d'arrêt sur le front du tube $\varphi = 0^\circ$, puis il diminue jusqu'au point de séparation $\varphi = 85^\circ$ et qu'un deuxième minimum de ce nombre se produit à $\varphi = 135^\circ$.

Les résultats de l'étude réalisée sur six rangées de tubes, voir figure 1.3, peuvent être résumés comme suit :

- Le nombre de Nusselt augmente avec l'augmentation du nombre de Reynolds.

- Le nombre de Nusselt atteint le premier minimum à $\varphi = 100°$ et le deuxième minimum à $\varphi = 150°$

- La variation du coefficient de transfert de chaleur autour des tubes change de la première rangée à la troisième rangée. Le nombre de Nusselt moyen sur les tubes de la deuxième rangée et la troisième rangée sont, respectivement supérieurs de 30% et 65% par rapport à celui de la première rangée.

- Quand le rapport entre le pas de tubes et le diamètre des tubes $S_T/_d$ diminue, le coefficient de transfert de chaleur sur chaque tube augmente à l'exception au front du tube de la première rangée.

- Le nombre de Nusselt moyen dans la première et la troisième rangées ne dépend que du nombre de Reynolds (il ne dépend pas de l'espacement inter-tubes).

Une autre technique expérimentale a été utilisée par **Li et Kottke** [30]. Par une analogie entre le transfert de chaleur et le transfert de masse, ils ont déterminé le coefficient de transfert de chaleur local sur les surfaces des tubes dans un faisceau en ligne. Le coefficient de transfert de masse local a été mesuré expérimentalement en se basant sur l'absorption et l'intensité de la couleur du dioxyde de magnésium.

Bougriou et al. [31], ont établi une étude indirecte du transfert de chaleur sur les surfaces d'une ailette circulaire plane située dans un faisceau de tubes à ailettes. Cette étude est portée sur l'analyse des thermographes déterminés expérimentalement. Nous verrons au paragraphe 4.2.1. le principe de l'expérimentation effectuée dans le travail de ces auteurs.

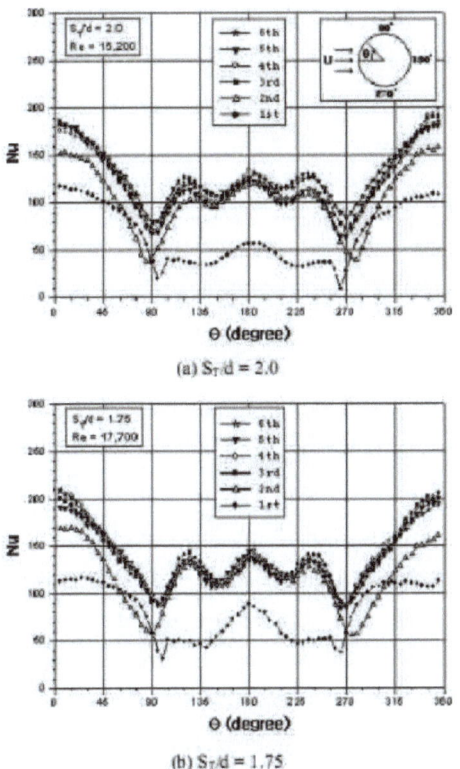

Figure 1.3 : *Distribution du nombre de Nusselt local autour des tubes en fonction de leurs six positions dans le faisceau et de l'espacement inter tubes [29].*

D'une manière similaire **Ay et al.** [32] ont utilisé la technique de thermographie pour caractériser la distribution de la température sur les ailettes planes continues dans deux types d'échangeurs (arrangement en ligne et en quinconce). Ensuite, ces températures sont reprises pour calculer le coefficient local de transfert de chaleur sur les ailettes par la formulation des différences finies. Les auteurs ont menu cette étude pour trois vitesses différentes $v = 0.5$, 1.0 et 1.5 m/s. Leurs résultats montrent que le coefficient d'échange de chaleur local sur les ailettes dépend de l'organisation de l'écoulement sur celles-ci :

- Le transfert de chaleur dans les zones de sillages qui sont derrières les tubes est faible; notamment, dans le faisceau aligné.

- Le transfert de chaleur est très élevé au sommet de la portion avant de l'ailette, cela est dû à l'impaction de l'écoulement sur le bord de l'ailette (début de développement de la couche limite).

- Une augmentation remarquable du coefficient d'échange thermique dans les zones situées aux proximités des fronts des tubes de la troisième rangée, notamment, pour des nombres de Reynolds élevés.

Les auteurs ont aussi constaté que le transfert de chaleur réalisé par le faisceau quinconcé est supérieur de 14% à 32% par rapport à celui transféré par le faisceau aligné.

Plusieurs chercheurs ont mené ces dernières années des simulations numériques inverses pour étudier le transfert thermique dans les échangeurs de chaleur.

Huang et al. [33-34] ont présenté des simulations numériques tridimensionnelles pour résoudre le problème inverse de conditions aux frontières. Ils ont utilisé la méthode de plus forte pente et le code commercial CFX4.4 pour estimer les coefficients de transfert de chaleur en régime stationnaire [33] et en régime transitoire [34] sur les ailettes plates continues d'un échangeur de chaleur. Dans leurs études, ils ont examiné les arrangements en ligne et en quinconce. Les mesures de températures ont été prises par la thermographie infrarouge. Les résultats présentés ont montré le succès de la méthode de la plus forte pente à déterminer le coefficient d'échange thermique dans les échangeurs tubulaires à ailettes planes continues pour les deux faisceaux en ligne et en quinconce.

Un certain nombre d'auteurs ont menu des études avec le code commercial FLUENT pour estimer le coefficient de transfert de chaleur et les pertes de charges dans de échangeurs de chaleur à ailettes planes continues. Ces paramètres ont été examinés pour différentes géométries de faisceaux de tubes.

Tutar et Akocca [35] ont mené une simulation numérique tridimensionnelle et transitoire d'un écoulement dans un échangeur tubulaire à ailettes planes continues de 5 rangées. L'étude développée dans leur travail s'est intéressé à l'influence du nombre de Reynolds (60-1500), espacement inter-ailettes, du rang des tubes et de la géométrie des faisceaux de tubes en lignes ou en quinconce sur le coefficient de transfert thermique et sur les pertes de pression. Les auteurs confirment l'existence des variations importantes dans le coefficient de chaleur autour des ailettes (figure 1.4).

Les courbes de ces figures montrent, d'une part, pour l'arrangement en ligne, les pics de transfert de chaleur se produisent à $\varphi = 26^{\circ}$ pour les tubes de la première rangée et à $\varphi = 52^{\circ}$ pour les tubes placés à l'intérieurs du faisceau. D'une autre part, pour l'arrangement en quinconce, ces pics se produisent à $\varphi = 30^{\circ}$ pour tous les tubes du faisceau. Ces courbes montre aussi que *Nu* atteint le minimum à $\varphi \in [132 - 140]$. Il est intéressant de noter par ailleurs des variations dans la distribution du coefficient d'échange en fonction de la position du tube.

Mon et al. [2] ont effectué une simulation numérique d'un écoulement turbulent tridimensionnel dans un échangeur constitué d'un faisceau de quatre lignes de tubes à ailettes circulaires. Ils ont considéré les deux types d'arrangements pour des nombres de Reynolds $8.6\times10^{3} \leq \mathrm{Re} \leq 4.3\times10^{4}$ et pour plusieurs paramètres géométriques (espacement inter-ailettes, diamètres des tubes et les pas d'espacement inter-tubes). Les auteurs ont présenté, à partir des résultats numériques, une analyse de la topologie de l'écoulement entre les ailettes (développement des couches limites dynamique et thermique de la structure tourbillonnaire en fer à cheval). Les auteurs ont montré que le coefficient de transfert de chaleur dans l'arrangement en quinconce augmente quand le rapport entre l'espacement entre les ailettes et leurs hauteurs (S/l_{a}) augmentent jusqu'à $(S/l_{a}) = 0.32$ et puis, il demeure constant. Pour l'arrangement en ligne, le coefficient de transfert de chaleur augmente sur toute la gamme de ce paramètre $0.3 \leq (S/l_{a}) \leq 1$.

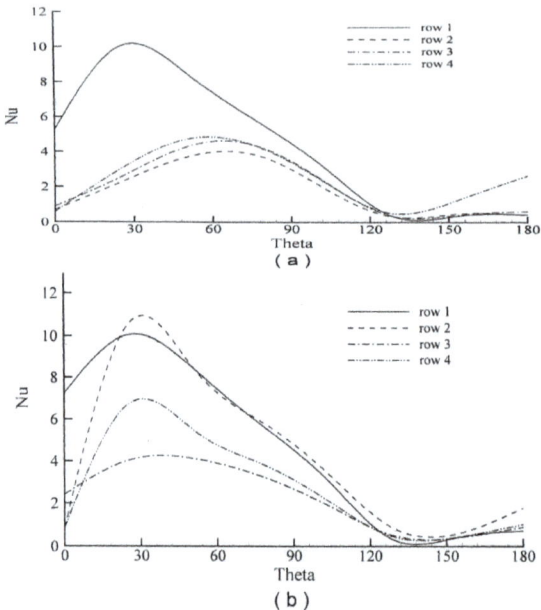

Figure 1.4 -: *Variation du nombre de Nusselt local autour des tubes, pour*
Re = 600 : (a) arrangement en ligne;(b) arrangement en quinconce [35].

Erek et al. [36] ont traité numériquement en CFD avec Fluent, les effets des
configurations géométriques des tubes (circulaires et elliptiques) et des ailettes
planes sur le transfert de chaleur et sur les pertes de pression dans un échangeur
tubulaires à ailettes. Ils concluent que l'emplacement du tube dans la zone avale de
l'ailette augmente le transfert de chaleur et que l'augmentation de l'ellipticité produit
un bon transfert de chaleur dans l'échangeur.

Taler [37] a présenté deux techniques numériques pour estimer le coefficient de
transfert de chaleur local sur la périphérie d'un tube lisse vertical placé dans un
faisceau de tubes arrangés en quinconce. Les températures utilisées dans les calculs
ont été mesurées sur la paroi du tube pour deux valeurs du nombre de Reynolds :

Re=11775 et Re=43676. Dans un premier temps, le problème inverse non linéaire de la conduction de chaleur a été résolu au sens des moindres carrés (écart entre les températures calculées et mesurées) par la technique de Levenberg-Marquardt en calculant les paramètres du coefficient d'échange thermique. La distribution de ce dernier sur la paroi extérieure des tubes a été approximée par des polynômes trigonométriques de Fourier. Dans un second temps et dans le cas linéaire, l'auteur a utilisé la méthode de décomposition en valeurs singulières pour estimer les paramètres de la fonction qui donne la distribution de température et puis il a calculé le coefficient de chaleur par la loi de Newton. Les auteurs ont conclu que les deux méthodes aboutissent aux mêmes résultats et que le schéma de Levenberg-Marquardt est plus universel mais il est très lent.

Sabota et Taler [38] ont utilisé la méthode de Levenberg-Marquardt pour résoudre le problème inverse de conduction de chaleur non linéaire dans un tube avec des ailettes longitudinales placé dans un faisceau de tubes arrangé en quinconce. Ils se sont intéressés à l'estimation du coefficient de transfert thermique h sur les frontières du tube et des ailettes. Les fonctions inconnues h sont recherchées : 1) sous forme paramétriques sur des polynômes trigonométriques; 2) en les interpolant par des fonctions échelons. Les résultats obtenus dans cet article ont montré que l'utilisation de ces interpolations a permis d'estimer le coefficient de transfert thermique avec une bonne précession même si les mesures de températures et de la conductivité thermique sont attachées à des erreurs. Par exemple, (avec des incertitudes de $\pm 0.2°C$ sur la température et de $\pm 0.5°C$ sur la conductivité thermique), l'erreur ne dépasse pas 7% sur les résultats.

Lage [39] a modélisé numériquement le transfert de chaleur de l'air qui s'écoule entre deux ailettes planes traversées par 4x3 tubes. Pour simplifier le problème numérique, les auteurs ont considéré un coefficient de transfert de chaleur constant sur toute l'ailette.

Talaat et Gomaa [40] ont réalisé une étude expérimentale et numérique en CFD en utilisant la méthode des volumes finis pour déterminer les caractéristiques thermiques d'un écoulement à travers des faisceaux de tubes elliptiques et circulaires arrangés en quinconce. Cette investigation a couvert les effets du nombre de Reynolds (5600-40000), de l'angle d'impaction de l'écoulement sur les tubes (0°-150°). Les auteurs ont observé que le nombre de Nusselt est maximum lorsque les grands axes des tubes elliptiques sont perpendiculaires à l'écoulement (angle d'attaque $\varphi = 0$). Ils ont constaté aussi que le nombre de Nusselt correspondant à cette situation est plus élevé de 30 % que celui de l'échangeur dont les grands axes de ses tubes sont parallèles à l'écoulement.

En comparant avec les tubes circulaires, le nombre de Nusselt des tubes elliptiques pour le cas $\varphi = 0$ est plus élevé de 19 % que celui des tubes circulaires.

Plus récemment, **Chen et al.** [8,41-44], en utilisant la méthode des différences finies en conjonction avec la méthode des moindres carrés, ils ont conduis des études numériques inverses pour estimer le coefficient de transfert de chaleur moyen sur les surfaces des ailettes circulaires et continues situées dans un seul tube à ailettes.

Dans la publication [8], en étudiant le transfert de chaleur dans une seule ailette plane entourant un tube, **Chen et al** ont analysé l'effet de la différence entre la température de l'eau à l'intérieur du tube et la température de l'air ambiant sur le transfert de chaleur sur l'ailette. Comme on peut le constater dans cette étude le transfert de chaleur dans la région frontale de l'ailette et plus supérieure que celui dans la région du sillage. Après cette étude, **Chen et al** [41] ont publié une autre étude dans laquelle ils ont analysé les effets de l'espacement inter-ailettes s sur le coefficient de transfert de chaleur et sur l'efficacité d'une ailette plane carrée située au milieu d'un ensemble d'ailettes du tube. Cette étude a concerné la convection forcée. Les résultats montrent qu'avec l'augmentation de s, le transfert de chaleur augmente et l'efficacité de l'ailette diminue, lorsque $s \to \infty$, les valeurs de $\bar{h}$ et de η_f s'approche à celles qui correspondent à une seule ailette de l'étude [8].

Pour le cas des ailettes circulaires, **Chen et Hsu** [42] ont présenté une étude en analysant l'effet de l'espacement inter-ailettes $0.005\,\text{m} \leq S \leq 0.018\,\text{m}$ et du nombre de Reynolds $1550 \leq \text{Re} \leq 7760$ sur les caractéristiques du transfert de chaleur (coefficient de transfert de chaleur et l'efficacité de l'ailette). Afin de prendre en considération les variations du coefficient d'échange autour des ailettes, les auteurs de ce travail ont calculé celui-ci dans les trois parties de l'ailette : frontale, centrale et arrière. Ils ont constaté que, d'une part, le coefficient de transfert thermique moyen augmente avec l'augmentation du nombre de Reynolds et l'augmentation de l'espacement inter-ailettes; d'autre part, l'efficacité de l'ailette diminue avec l'augmentation de Re. Il a été aussi confirmé que le transfert de chaleur est très faible dans les parties arrières par rapport aux autres parties. De plus, il a été montré que l'effet de l'espacement inter-ailettes sur le coefficient de transfert thermique est négligeable lorsque le rapport entre cet espacement et la hauteur des ailettes $\frac{S}{l_a} \geq 0.5$. Les résultats obtenus par les auteurs ont leurs permis de proposer des corrélations empiriques donnant le nombre de Nusselt en fonction du nombre de Reynolds et des paramètres géométriques des ailettes circulaires.

Des études similaires à celles-ci ont été menées par le même auteur **Chen H-T** [43-44], mais pour le cas de la convection naturelle. Il a trouvé que les effets de l'espacement inter-ailettes sur le coefficient d'échange thermique et sur l'efficacité de l'ailette sont les mêmes que les études citées précédemment [41-42].

Chen W-L et al [45] ont effectué une simulation inverse de la conduction de chaleur dans une ailette circulaire basée sur la méthode du gradient conjugué. L'objectif des auteurs est de déterminer les distributions radiales du coefficient de transfert de chaleur en connaissant quelques valeurs de la température ou des contraintes. L'effet couplé thermomécanique a été pris en compte, ce qui permet d'avoir une originalité à ce travail.

Les auteurs ont démontré la possibilité d'estimer le coefficient de transfert de chaleur à partir des mesures de contraintes au lieu de températures.

1.4. Topologie de l'écoulement à travers le faisceau de tubes à ailettes

La connaissance de la configuration de l'écoulement à travers le faisceau de tubes lisses ou à ailettes, notamment autour de l'ailette, représente une source d'information appréciée et efficace pour l'étude et la compréhension de transfert de chaleur associé.

Nombreux auteurs [23,30, 46-49] ont présenté des études qui décrivent et analysent la structure générale de l'écoulement dans les échangeurs à faisceaux tubulaires. Nous présentons dans ce chapitre une synthèse des principaux résultats.

1.4.1. Ecoulement autour de l'ailette

L'écoulement autour d'une ailette est très complexe et dans un faisceau de tubes change d'un rang à un autre. Cette complexité est due à l'apparition de plusieurs phénomènes dans l'écoulement (sillage, tourbillons, couches limites…) (figure 1.5).

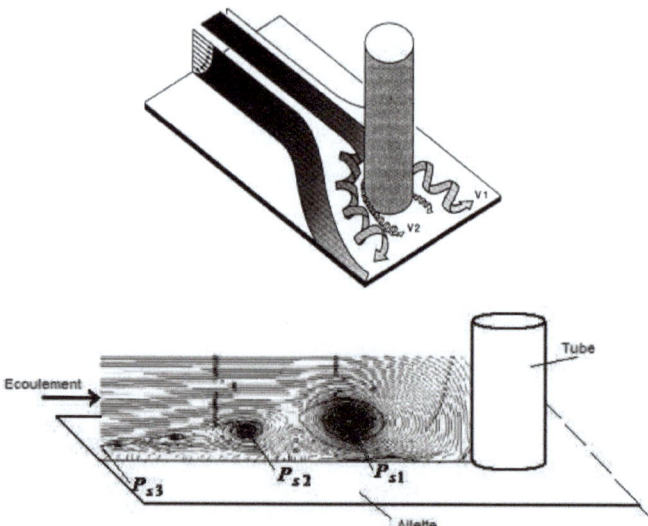

Figure 1.5 : *Formation d'un tourbillon en fer à cheval [3,46].*

Dans la référence [2], les auteurs ont montré que deux couches limites se développent sur les faces amonts des ailettes adjacentes et glissent sous l'action du décrochement alterné des tourbillons et que leur épaisseur maximum est situé près de la base de l'ailette. Ceci conduit à réduire le coefficient de transfert de chaleur dans la très petite zone qui entour le tube [2, 23, 48].

A la jonction ailette-tube, l'effet combiné du développement de la couche limite sur les ailettes, la stagnation du fluide au front du tube et le sillage derrière celui-ci provoque la formation d'une série de deux ou trois tourbillons principaux. Dans cette zone, une inversion du gradient de pression s'établit dans l'écoulement interne à la couche limite. Celle-ci engendre un décollement tridimensionnel de la couche limite ce qui induit la formation d'un tourbillon en fer à cheval qui est caractérisé par les points singuliers P_{s1}, P_{s2} et P_{s3} (figure 1.5).

- P_{s1} et P_{s2}, centres des tourbillons principaux,

- P_{s3}, le point de séparation délimitant la structure tourbillonnaire.

1.4.2. Ecoulement et transfert de chaleur autour d'un tube unique

1.4.2.1. Ecoulement autour d'un tube et effet du nombre de Reynolds

Une des caractéristiques d'un écoulement autour des tubes lisses ou à ailettes est le décollement. Ce phénomène se produit lorsque la vitesse des particules du fluide qui constituent la couche limite diminue jusqu'à l'annulation de celle-ci au point de décollement (perte d'énergie par frottement).

L'effet du nombre de Reynolds sur le décollement et sur sa position autour d'un cylindre (figure 1.6) a fait l'objet de nombreuses investigations dans la littérature [4, 39], car il sert souvent d'illustration pour les écoulements instationnaires autour d'obstacles. Nous évoquons ici les résultats les plus importants [50] :

- $Re \langle 40$, écoulement symétrique laminaire;

- $300 \langle Re \langle Re_{c1} = 2,10^5$, le décollement de la couche limite laminaire. Les tourbillons qui se détachent du cylindre sont laminaires et deviennent rapidement turbulents;

- $Re_{c1} \langle Re \langle Re_{c2} = 3,10^6$, deux décollements se produisent à partir des deux couches limites laminaire et turbulente.

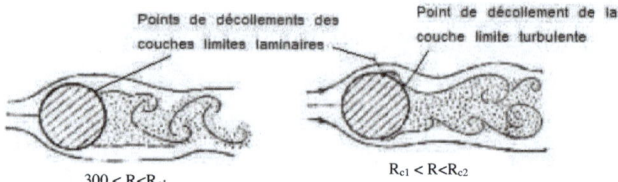

Figure 1.6 : *Phénomène de décollement de la couche limite autour du cylindre* [50].

1.4.2.2. Variation du transfert thermique par convection autour du tube

Le transfert de chaleur sur les surfaces des tubes a été étudié par plusieurs auteurs Bejan [51] et Zukauskas [4]. Les résultats expérimentaux qui sont les plus souvent cités dans la littérature et qui semblent les mieux à évoquer dans cette thèse sont ceux de Zukauskas [4]. Les courbes obtenues par l'auteur (figure 1.7) montrent bien l'influence de la topologie de l'écoulement sur le coefficient de transfert de chaleur local :

Pour les courbes 1-4 correspondantes aux nombres de Reynolds ($Re_c \prec 10^5$), le coefficient d'échange de chaleur local atteint un seul minimal au voisinage d'azumith $\theta = 85°$ (point de décollement de la couche limite).

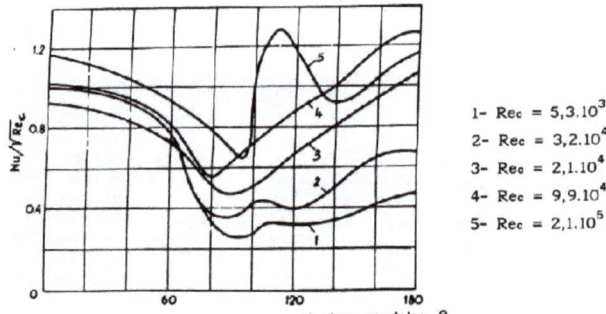

Figure 1.7 : *Variation du transfert thermique par convection autour du tube pour différents* Re_c *[4, 53]*.

Pour la courbe $5, \mathrm{Re} = 2,1x10^5$, le coefficient d'échange atteint deux minimums, le premier ($\theta = 90°$) qui correspond à la transition laminaire-turbulente de la couche limite, le second ($\theta = 140°$) correspond au décollement de cette couche.

1.4.3. Ecoulement et transfert de chaleur à travers le faisceau de tubes lisses

Il existe dans la littérature un certain nombre d'études concernant l'écoulement et le transfert de chaleur autour des tubes arrangés en lignes. Les études se sont intéressées d'une part, à l'influence des paramètres géométriques et du nombre de Reynolds, et d'autre part, au rôle de la position du tube dans le faisceau.

1.4.3.1. Position des points d'impaction et de décollement

Zukauskas [4] a constaté que la position du point d'impaction dépend de l'espacement inter-tubes et du nombre de Reynolds. **Perez** [52-53] a étudié expérimentalement un écoulement dans un faisceau aligné pour déterminer les positions des points d'impaction et de décollement. Il a obtenu, pour $\frac{P_T}{D} = 2$, $\frac{P_L}{D} = 1.3$ et $\mathrm{Re} = 4000$, le décollement et l'impaction s'effectuent respectivement, à $\varphi = 56°$ et à $\varphi = 131°$.

1.4.3.2. Transition du régime laminaire au régime turbulent

La transition du régime laminaire au régime turbulent dépend du nombre de Reynolds et des paramètres géométriques du faisceau. Lors de leur analyse de visualisations sur l'écoulement à travers un faisceau de tubes alignés, Weaver et al [54] ont observé :

- à une certaine valeur du nombre de Reynolds, l'écoulement principal entre les tubes va être perturbé;

- cet écoulement principal devient totalement turbulent après une longueur d'établissement (trois rangées de tubes).

1.4.3.3. Transfert de chaleur autour d'un tube situé dans un faisceau de tubes

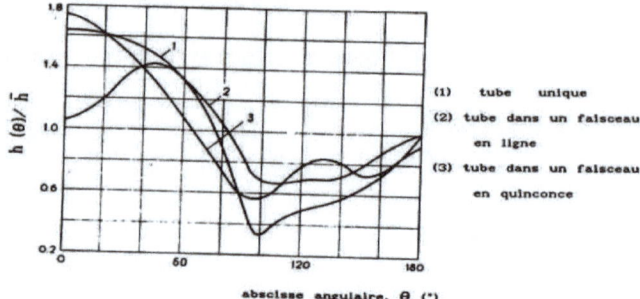

Figure 1.8 : *Différentes distributions du coefficient de transfert thermique autour du tube [4, 53].*

On peut constater sur cette figure que la distribution du coefficient de transfert thermique local autour d'un tube placé dans un faisceau quinconcé ressemble a celle du tube unique.

1.4.4. Ecoulement et transfert de chaleur autour d'ailette

1.4.4.1. Influence de l'espacement inter-ailettes et du nombre de Reynolds sur la topologie de l'écoulement

Nacer-bey [46-47] a mené une étude au moyen de visualisations par la Vélocimétrie par Imagerie de Particules (PIV) et des calculs numériques en utilisant le code commercial Fluent. Il a examiné l'influence de l'espacement inter-ailettes et du nombre de Reynolds sur la taille, le nombre et la position des tourbillons. Nous pouvons résumer ses résultats comme suit :

- L'augmentation de l'espacement inter-ailettes entraine une augmentation de la taille des tourbillons et de leurs nombres. Par conséquent, toute la zone de séparation en amont du tube s'élargit.

- Le pic de vorticité du premier tourbillon principal augmente avec l'augmentation du pas inter-ailettes jusqu'à atteindre une valeur limite.

- L'augmentation du nombre de Reynolds entraine une augmentation des pics de vorticité des tourbillons principaux. Cependant, cette augmentation influe très légèrement sur les positions des points singuliers P_{s_1} et P_{s_2}.

1.4.4.2. Interaction entre la topologie d'écoulement et le transfert thermique sur l'ailette

Dans leurs études, les auteurs [23, 30, 49] ont observé que la distribution du coefficient de transfert thermique dépend de l'écoulement du fluide autour de l'ailette.

- A chaque tourbillon correspond un pic de transfert thermique [49], voir figure 1.9.

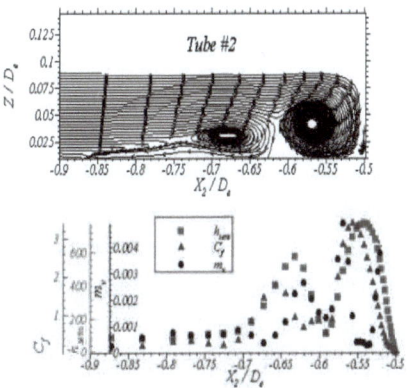

Figure 1.9 : *Lignes de courant et distribution local du coefficient de transfert de chaleur [49].*

- La zone à fort transfert thermique est localisée dans la zone de formation d'une structure tourbillonnaire autour des tubes en forme de fer à cheval.

L'écoulement lent dans la zone du sillage localisée derrière les tubes sanctionne le transfert de chaleur

1.4.4.3. Analyse de la topologie de l'écoulement et du transfert thermique dans des faisceaux tubulaires à ailettes.

L'interaction entre l'écoulement entre deux ailettes consécutives et l'écoulement autour du tube d'axe perpendiculaire à l'ailette entrainent des variations importantes sur le coefficient d'échange thermique autour de l'ailette.

Dans un faisceau tubulaire à ailettes, la topologie de l'écoulement et le transfert thermique sur les zones frontales et arrière des ailettes change d'un rang à un autre. Le tube dans ce faisceau est soumis à un écoulement différent au cas du tube seul.

L'importance et la complexité de ce sujet ont suscité l'intérêt de plusieurs chercheurs (voir [2, 8, 14], [38, 39], [41- 49]). Ils ont mené leurs études en analysant l'effet des paramètres suivants sur le transfert de chaleur :

- Arrangement des tubes (en ligne ou en quinconce).

- Régime d'écoulement.

- Diamètre des tubes D et les pas longitudinaux et transversaux (P_T et P_L) qui définissent l'espacement entre les tubes.

- Effet du rang sur le coefficient de transfert thermique dépend non seulement de la géométrie des faisceaux de tubes mais il dépend aussi des pas inter-tubes.

Neal et al [23] a analysé le transfert de chaleur autour des ailettes circulaires pour quatre arrangements en quinconce. Il a constaté, pour trois arrangements, des augmentations différentes du coefficient de transfert thermique entre la deuxième et la sixième rangée. Par contre, pour le quatrième arrangement, ce coefficient diminue.

Ces différences dans la variation du coefficient de transfert de chaleur résultent du changement dans le taux de développement de la turbulence à travers les différents arrangements.

Jason [49] a présenté des résultats numériques sur la topologie d'écoulement et le transfert thermique sur les ailettes planes continues à travers un faisceau de tubes arrangés en quinconce. L'étude est faite pour un seul arrangement. L'auteur a observé que le nombre et la taille des tourbillons diminuent et que la contribution des rangs de tubes aux échanges thermiques diminue à mesure que l'écoulement pénètre dans l'échangeur.

Chapitre 2

Traitement direct des problèmes de conduction de chaleur

2.1. Méthodes numériques

Les équations différentielles aux dérivées partielles régissant le phénomène de transfert de chaleur dans les ailettes circulaires (Eq.1.28) ou dans les tubes ailttés (Eqs. 1.25 et 1.26) peuvent être résolues numériquement, en tenant compte des conditions aux limites et des conditions initiales. Il existe essentiellement cinq méthodes de résolution de ces équations : la méthode spectrale, la méthode des intégrales de frontières, la méthode des différences finies, la méthode des volumes finis et la méthode des éléments finis. Les trois méthodes les plus populaires sont :

- La méthode des différences finies

L'idée de base de cette méthode est facile à comprendre, elle est simple à concevoir. Son principe consiste à se donner un certain nombre de points du domaine Ω. Les opérateurs de différentiation apparaissant dans les équations différentielles peuvent être obtenus à partir d'un développement aux limites. Ces operateurs se servent ensuite pour exprimer la température et ses dérivées en un point en fonction des valeurs aux points voisins. Il faut alors discrétiser la dérivée en temps suivant par exemple le schéma d'Euler explicite ou implicite.

- La méthode des volumes finis

La méthode des volumes finis développée par Splading et Patanker consiste à diviser le domaine de calcul en un nombre fini de sous-domaines élémentaires, appelés volumes de contrôle. Son principe de base est de discrétiser les équations différentielles modélisant les problèmes de la mécanique des fluides ou/et le transfert de chaleur par une intégration sur des volumes finis entourant les nœuds de maillage. L'approximation de la variable physique généralisée sur les bords du volume de contrôle se fera avec le choix d'un schéma de différences finies approprié. L'opération d'assemblage, pour obtenir les matrices et les vecteurs globaux, se fait par arrête.

- La méthode des éléments finis

La méthode des éléments finis est une méthode particulière d'approximation nodale par sous domaine. Elle permet de remplacer l'équation différentielle par des équations algébriques dont les inconnues sont les variables nodales. Cette méthode consiste à subdiviser le domaine continu Ω en sous domaines de formes géométriques simples que l'on appelle éléments finis interconnectés en des points remarquables appelés nœuds. De plus on définit dans chaque élément Ω_e une approximation adéquate de la solution permettant de résoudre le problème uniquement en fonction des valeurs de la solution aux nœuds. L'opération d'assemblage qui se fait par élément permet d'obtenir une solution sur la totalité du domaine.

En raison de sa souplesse pour représenter des domaines géométriques complexes, la méthode des éléments finis est largement utilisée pour simuler de nombreux problèmes physiques. Elle s'adapte très bien à la résolution des problèmes de transfert de chaleur, notamment la conduction thermique dans ses différents cas : stationnaire ou dépendent du temps, linéaire ou non, à une, deux ou trois variables d'espaces indépendantes.

2.2. Développement de la méthode des éléments finis

Pour résoudre par les éléments finis les systèmes d'équations (section 1.2) comprenant les équations de la chaleur et les conditions aux limites et initiales, on fait recours aux formulations intégrales, qui intègrent l'équation différentielle modélisant le phénomène physique sur Ω et les conditions aux limites sur sa frontière. Parmi les formulations intégrales on cite la formulation variationnelle et la méthode des résidus pondérés.

- Méthode variationnelle

Elle est basée sur la construction d'une fonctionnelle qui peut représenter l'énergie du système [55-58]. La formulation intégrale est obtenue à partir des conditions de stationnarité de la fonctionnelle. Parmi les méthodes adaptées à telles formulations variationnelles, on cite la méthode de Ritz. Elle est considérée la plus simple est la plus utilisée. Pour développer la méthode des éléments finis par le modèle de Ritz, il faut chercher l'existence d'une fonctionnelle [55]. Ceci est possible si les formes différentielles des problèmes à résoudre sont linéaires.

- Méthode des résidus pondérés

La recherche de la solution globale par approximation par éléments finis doit passer par l'approximation nodale de l'inconnu sur chaque sous domaine (élément fini). On construit les fonctions approchées $T^e(x, y, t)$ sur chaque élément de manière à être continues sur l'élément et elles satisfont les conditions de continuité et de compatibilité entre les éléments.

Le champ de température $T^e(x, y, t)$ dans l'élément s'écrit sous la forme :

$$T^e(x, y, t) = \sum_{1}^{Nnd} N_i(x, y) T_i \tag{2.1}$$

où *Nnd* et $N_i(x, y)$ sont, respectivement le nombre de nœuds de l'élément et les fonctions d'interpolation.

Pour résoudre les problèmes qu'on a présentés dans la section (1.2) par la méthode des éléments finis, la méthode des résidus pondérés apparait très attractive [55-56]. Cette méthode consiste à projeter le résidu sur un ensemble de fonctions indépendantes appelées fonctions de pondération. Pour obtenir la solution recherchée *T*, il faut annuler l'intégrale suivante :

$$\int_{\Omega} w.R(T)d\,\Omega = 0 \qquad \forall w \tag{2.2}$$

Nous appelons résidu l'erreur *R(T)* dans Ω. Par exemple, pour le cas de la conduction de chaleur dans les ailettes circulaires, ce résidu est défini par :

$$R(T) = \rho c \frac{\partial T}{\partial t} - div(\lambda \overrightarrow{grad}\,T) + \frac{2h}{e}(T - T_f) \tag{2.3}$$

2.2.1. Méthode des éléments fins pour le problème de transfert de chaleur dans une ailette circulaire

Parmi les trois problèmes concernant notre travail, nous avons décédé de développer en détail dans ce paragraphe la formulation de Galerkine sur la conduction de la chaleur sur les surfaces d'une ailette circulaire.

2.2.1.1. Modélisation mathématique du transfert de chaleur sur les surfaces d'une ailette circulaire planes

La géométrie de l'ailette étudiée ainsi que les conditions aux limites sont montrées dans la figure (2.1).

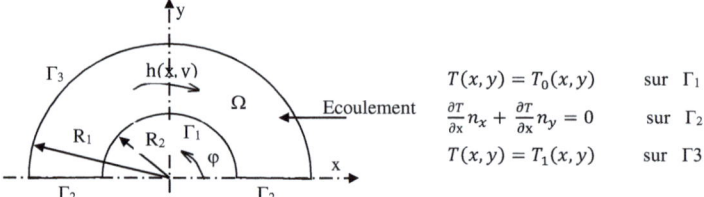

$T(x, y) = T_0(x, y)$ sur Γ_1

$\frac{\partial T}{\partial x}n_x + \frac{\partial T}{\partial x}n_y = 0$ sur Γ_2

$T(x, y) = T_1(x, y)$ sur $\Gamma 3$

Figure 2.1 : *Géométrie de l'ailette circulaire et les conditions aux limites.*

L'ailette est un disque qui entoure un tube principal de rayon intérieur R_0, de rayon extérieur R_1 et d'épaisseur e. Sa conductivité thermique, sa masse volumique et sa capacité calorifique massique sont notées respectivement par λ et ρ et c. Les surfaces de l'ailette sont exposées à un écoulement d'air de température T_f et échangent avec celui-ci de la chaleur par l'intermédiaire d'un coefficient $h(x, y, t)$ qui peut évoluer dans le plan de l'ailette et dans le temps. Comme l'épaisseur de celle-ci est très petite devant sa hauteur, on peut considérer que la température varie dans les directions x et y seulement. La température à la base de l'ailette est T_0 et la température en tout points du domaine Ω à l'instant $t = 0$ est égale à T_i.

Le transfert de chaleur est bidimensionnel dans l'ailette et possède un axe de symétrie, donc on peut considérer que la moitié du domaine Ω.

La résolution de ce problème repose sur l'équation (1.28) que nous pouvons écrire sous la forme suivante :

$$\frac{\partial^2 \theta}{\partial x^2} + \frac{\partial^2 \theta}{\partial y^2} - \frac{2h(x, y, t)}{\lambda e}\theta = \frac{\rho c_p}{\lambda}\frac{\partial \theta}{\partial t} \quad \text{dans } \Omega;\ t \succ 0 \tag{2.4}$$

avec les conditions aux limites :

$$\theta(x, y, t) = \theta_0(x, y, t) \qquad \text{sur } \Gamma_1 \tag{2.5}$$

$$\frac{\partial \theta}{\partial x}n_x + \frac{\partial \theta}{\partial y}n_y = 0 \qquad \text{sur } \Gamma_2 \tag{2.6}$$

$$\theta(x, y, t) = \theta_1(x, y, t) \qquad \text{sur } \Gamma_3 \tag{2.7}$$

et avec la condition initiale :

$$\theta(x, y, t) = 0; \ t = 0 \ ; \text{ dans } \Omega \tag{2.8}$$

$\theta(x, y, t)$ est la température adimensionnelle tel que :

$$\theta(x, y) = \frac{T(x, y, t) - T_f}{T_w - T_f} \tag{2.9}$$

La complexité du model mathématique qui gouverne le transfert de chaleur sur les ailettes circulaires est due à la variation de température avec le temps et à la variation du coefficient d'échange de chaleur en espace et en temps.

La recherche des solutions analytiques est généralement basée sur des hypothèses simplificatrices, telles que :

- La variation de la distribution de température est indépendante du temps;

- Le coefficient du transfert de chaleur par convection est constant sur toute la surface;

- Il n y'a aucune source d'énergie interne dans le domaine Ω ;

- La conductivité thermique de l'ailette est constante.

Avec ces hypothèses, la solution générale de l'équation (2.4) peut être obtenue en utilisant les fonctions de Bessel, voir [59].

Dans cette thèse et pour résoudre ce problème dans son état compliqué, nous avons choisi la méthode des éléments finis.

2.2.1.2. Forme intégrale faible

A partir des expressions (2.2, 2.3 et 2.4), on peut écrire :

$$\int_{\Omega} w \left(\rho c \frac{\partial \theta}{\partial t} - \text{div}(\lambda \overrightarrow{\text{grad}} \ \theta) + 2h\theta \right) d\Omega = 0 \tag{2.10}$$

L'intégration par partie du deuxième terme de l'équation (2.10) fournit une forme intégrale faible qui présente les avantages suivants:

- Diminution des conditions aux limites imposées aux fonctions $\theta(x, y, t)$. Celles-ci peuvent être prises en compte dans la formulation intégrale.

- Diminution de l'ordre maximum des dérivées de $\theta(x, y, t)$ apparaissant dans les formes intégrales, en contre partie, celui-ci augmente sur $w(x, y, t)$.

En utilisant la relation suivante :

$$div(w.([\lambda]\overrightarrow{grad\theta})) = w.div([\lambda]\overrightarrow{grad\theta}) + ([\lambda]\overrightarrow{grad\theta}).\overrightarrow{gradw} \tag{2.11}$$

l'équation (2.8) devient:

$$\int_{\Omega} w.\rho c \frac{\partial\theta}{\partial t} d\Omega - \int_{\Omega} div(w.([\lambda]\overrightarrow{grad\theta}))d\Omega + \int_{\Omega} \overrightarrow{gradw}.([\lambda]\overrightarrow{grad\theta})d\Omega + \int_{\Omega} 2w.h\theta\, d\Omega = 0 \tag{2.12}$$

Utilisons le théorème de Green pour la deuxième intégrale de (2.12) :

$$\int_{\Omega} div(w.([\lambda]\overrightarrow{grad\theta}))d\Omega = \int_{\Gamma_\varphi} w\vec{n}.\left([\lambda].\overrightarrow{grad\theta}\right)d\Gamma + \int_{\Gamma_\theta} w\vec{n}.\left([\lambda].\overrightarrow{grad\theta}\right)d\Gamma \tag{2.13}$$

avec les conditions aux limites $\theta = \theta_P$ sur Γ_θ

Nous imposons $w = 0$ sur Γ_θ pour annuler le terme de ce contour.

De (2.12) et (2.13), la formulation intégrale faible de notre problème est :

$$\int_{\Omega} w.\rho c \frac{\partial\theta}{\partial t} d\Omega + \int_{\Omega} \overrightarrow{gradw}.([\lambda]\overrightarrow{grad\theta})d\Omega + \int_{\Omega} 2w.h\theta d\Omega = 0 \quad \forall w \tag{2.14}$$

Dans cette formulation, seules les conditions aux limites sur les frontières de Dirichlet et initiale restent à imposer. Techniquement, on introduit ces conditions aux limites en modifiant les matrices globales obtenues, voir paragraphe (2.2.5.1).

2.2.1.3. Forme intégrale discrétisée

L'idée fondamentale de la méthode des éléments finis est de discrétiser le problème en décomposant le domaine de calcul Ω en sous domaines Ω_e reliés entre eux par des nœuds. L'intégrale (2.14) peut donc s'écrire:

$$\sum_{e=1}^{Nel} \int_{\Omega_e} w_e \rho c \frac{\partial\theta_e}{\partial t} d\Omega_e + \int_{\Omega_e} \left(\overrightarrow{gradw_e}.[\lambda].\overrightarrow{grad\theta_e} + 2w_e h\theta_e\right)d\Omega_e = 0 \tag{2.15}$$

Les types d'éléments les plus courants pour les problèmes à deux dimensions sont donnés dans la figure (2.2).

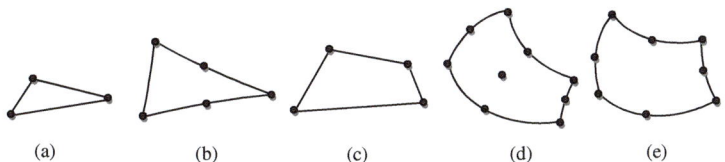

(a) (b) (c) (d) (e)

Figure 2.2 : *Les principaux éléments à deux dimensions: (a) élément triangulaire à 3 nœuds; (b) élément triangulaire à champs parabolique à 6 nœuds; (c) quadrilatère à champs linéaire à 4 nœuds; (d) quadrilatère à champs quadratique à 8 nœuds; (e) quadrilatère à champs quadratique complet à 9 nœuds.*

Le choix du type de fonction w_e conduit à différentes formes intégrales: collaction, Galerkine et moindre carrés. Nous avons choisi la méthode de Galerkine pour la formulation de notre problème. Cette technique consiste à remplacer, dans (2.15), w_e par la variation $\delta\theta_e$ de la fonction θ_e [55].

Pour calculer la solution approchée par la méthode des éléments finis, nous utilisons sur chaque élément Ω_e les approximations des champs θ_e et $\delta\theta_e$ suivants :

$$\theta_e = \langle N \rangle \{\theta_e\}$$
$$\text{et } \delta\theta_e = \langle N \rangle \{\delta\theta_e\} \tag{2.16}$$

avec $\{N\}$: vecteur des fonctions de forme et le vecteur $\{\theta_e\}$ des températures aux nœuds de l'élément associé au fonctions de forme.

Une caractéristique importante de $\{N\}$ peut être soulignée ici :

$$N_i(x_j, y_j) = \delta_{ij} = \begin{cases} 1; & i = j \\ 0; & i \neq j \end{cases} \tag{2.17}$$

avec δ_{ij} le symbole de Kronecker.

La fonction d'interpolation associée au nœud i pour l'élément triangulaire à trois nœuds est illustrée dans la figure 2.3.

43

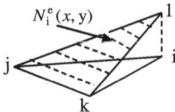

Figure 2.3 -: *Triangle à champs linéaire : fonction d'interpolation associée au nœud i.*

Exprimons $\left\{\overrightarrow{grad}\,\theta_e\right\}$ en fonction des fonctions de d'interpolation :

$$\{grad\,\theta_e\} = [B]\{\theta_e\} \tag{2.18}$$

avec $\quad [B] = \begin{bmatrix} \left\langle \frac{\partial N}{\partial x} \right\rangle \\ \left\langle \frac{\partial N}{\partial y} \right\rangle \end{bmatrix}$ $\tag{2.19}$

et $\quad \left\{\overrightarrow{grad}\,\theta_e\right\} = [B]\{\delta\theta_e\}$ $\tag{2.20}$

En substituant ces expressions dans (2.15), nous obtenons alors pour tout le domaine Ω.

$$\sum_1^{nel}[C_e]\left\{\frac{\partial \theta_e}{\partial t}\right\} + [K_e]\{\theta_e\} - \{f_e\}\,d\Omega = 0 \tag{2.21}$$

où les matrices élémentaires sont :

- matrice de capacité thermique : $\quad [C_e] = \int_{\Omega_e} \rho C_p \{N\}\langle N\rangle d\Omega$ $\tag{2.22}$

- matrice de conductivité thermique : $\quad [K_e] = \int_{\Omega_e} \left([B]^t[\lambda][B] + \frac{2h}{e}\{N\}\langle N\rangle\right)d\Omega$ (2.23)

- vecteur des flux élémentaire : $\quad \{f_e\} = 0$ $\tag{2.24}$

Les éléments triangulaires s'adaptent à toute configuration et permettent une discrétisation simple d'un domaine de résolution. Le champ de températures θ est parfaitement défini à l'intérieur d'un élément triangulaire, en connaissant les valeurs de la température en ces trois sommets :

$$\theta(x,y) = \sum_{i=1}^{3} N_i(x,y)\theta_i \tag{2.25}$$

Afin de construire les fonctions d'interpolation, nous utilisons le plus souvent des polynômes complets. Leurs nombre de termes doit être égale au nombre de degré de liberté de l'élément. Les polynômes complets d'ordre n à deux dimensions peuvent s'écrire comme suit :

$$N(x,y) = \sum_{r=1}^{p} \alpha_r x^i y^j \; ; \; i+j \leq n \tag{2.26}$$

où le nombre de termes dans le polynôme est :

$$p = (n+1)(n+2)/2$$

ainsi pour un polynôme linéaire

$$N_i(x,y) = a_i + b_i x + c_i y \tag{2.27}$$

où a_i, b_i et c_i sont des constantes dépendant des coordonnées des trois sommets du triangle.

A partir des fonctions d'interpolation $N_i(x,y)$ associées au nœud i et les conditions (2.17), on peut déduire :

$$a_i = \frac{1}{2A_e}(x_j y_k - x_k y_j) \; ; \; b_i = \frac{1}{2A_e}(y_j - y_k) \text{ et } c_i = \frac{1}{2A_e}(x_k - x_j) \tag{2.28}$$

Les intégrales (2.22) et (2.23) peuvent se calculer par la formule suivante [57]
:

$$\int_{\Omega} N_i^a N_j^b N_k^c d\Omega = a!b!c! \frac{2A_e}{(a+b+c+2)!} \tag{2.29}$$

où A_e est l'aire de l'élément triangulaire.

Remplaçons les termes (2.19) dans (2.23) et utilisons (2.29), on aura :
La matrice de conductivité $[k_e]$:

$$[K_{eij}] = \frac{1}{4A_e}\left[\lambda_{11}b_ib_j + \lambda_{22}c_ic_j\right] + \frac{A_e\,h_e}{12e}(1+\delta_{ij})\,;\ \ \delta_{ij} = \begin{cases} 1;\ i=j \\ 0;\ i\neq j \end{cases} \tag{2.30}$$

Pour évaluer la matrice de capacité thermique élémentaire $[C_e]$, nous utilisons la formule d'intégration (2.29).

$$[C_e] = \frac{\rho c A_e}{12}\begin{bmatrix} 2 & 1 & 1 \\ & 2 & 1 \\ sym & & 2 \end{bmatrix} \tag{2.31}$$

2.2.2. Formulation en éléments finis des problèmes axisymétriques

Rappelons le model mathématique qui régisse les problèmes de conduction de chaleur dans les milieux axisymétriques orthotropes, voir .2.2.1.

$$\frac{1}{r}\frac{\partial}{\partial r}\left(\lambda_r.r\frac{\partial T}{\partial r}\right) + \frac{\partial}{\partial z}\left(\lambda_z\frac{\partial T}{\partial z}\right) = \frac{\rho C_p}{k}\frac{\partial T}{\partial t} \qquad \text{sur } \Omega \tag{2.32}$$

$$\lambda_r.r\frac{\partial T}{\partial r}n_r + \lambda_z\frac{\partial T}{\partial z}n_z + h_1(T-T_f) = 0 \qquad \text{sur } \Gamma_1 \tag{2.33}$$

$$\lambda_r.r\frac{\partial T}{\partial r}n_r + \lambda_z\frac{\partial T}{\partial z}n_z + h_2(T-T_f) = 0 \qquad \text{sur } \Gamma_2 \tag{2.34}$$

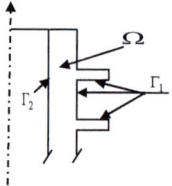

Figure 2.4 : *Configuration géométrique d'un tube ailleté.*

Le développement de la méthode de Galerkine nous permet d'aboutir à l'équation suivante :

$$\int_v \delta T_e\left[\lambda_r.r\frac{\partial(\delta T_e)}{\partial r}\frac{\partial T}{\partial r} + \lambda_z.r\frac{\partial(\delta T_e)}{\partial z}\frac{\partial T}{\partial z}\right]dv + \int_v \delta T_e r\frac{\rho C_p}{\lambda}\frac{\partial T}{\partial t}dv + \int_s \delta T_e\left[hr(T-T_f)\right]ds = 0 \tag{2.35}$$

L'intégration se fait sur le volume axisymétrique v et sur la surface s, tel que:

46

$$dv = 2\pi r d\Omega$$

$$ds = 2\pi r d\Gamma$$

Ceci permet d'écrire:

$$\int_{\Omega} \delta T_e \left[\lambda_r.r\frac{\partial(\delta T_e)}{\partial r}\frac{\partial T}{\partial r} + \lambda_z.r\frac{\partial(\delta T_e)}{\partial z}\frac{\partial T}{\partial z} \right] d\Omega + \int_{\Omega} \delta T_e r\frac{\rho C_p}{\lambda}\frac{\partial T}{\partial t} d\Omega + \int_{\Gamma} \delta T_e \left[hr\,(T - T_f) \right] d\Gamma = 0 \qquad (2.36)$$

où, $h = h_1$ sur Γ_1 et $h = h_2$ sur Γ_2.

Alternativement on peut exprimer r par l'approximation suivante :

$$r = \langle N \rangle \{r_e\} \qquad (2.37)$$

où $\{r_e\}$ est le vecteur qui donne les coordonnées radiales des nœuds de l'élément.

On peut procéder de la même manière que le problème du paragraphe (2.2.1) pour évaluer les matrices élémentaires et le vecteur des flux nodaux.

-Matrice de rigidité élémentaire

Ainsi, les termes de la matrice de rigidité peuvent être calculés par:

$$K_{ij}^e = \int_{\Omega_e} \frac{1}{4(A_e)^2} \left[\lambda_r r_e b_i b_j + \lambda_z r_e c_i c_j \right] d\Omega + a_{ij} \qquad \text{avec } i, j = 1, 2, 3 \qquad (2.38)$$

où a_{ij} représente le terme de la matrice de rigidité associé au coefficient de transfert thermique h.

Introduisons (2.37) et utilisons (2.29), on obtient :

$$K_{ij}^e = \frac{(r_1^e + r_2^e + r_3^e)}{12 A_e} \left[\lambda_r b_i b_j + \lambda_z c_i c_j \right] + a_{ij} \qquad \text{avec } i, j = 1, 2, 3 \qquad (2.39)$$

Pour évaluer la matrice $[a_e]$, nous considérons le segment jk situé sur la frontière du domaine Ω et qui est soumis à la condition au limite de Newman. Sur ce segment, h et r sont décrits par des interpolations en fonction de leurs valeurs nodales, voir figure (2.5) :

$$h = \begin{bmatrix} N_j & N_k \end{bmatrix} \begin{Bmatrix} h_j \\ h_k \end{Bmatrix} \qquad (2.40)$$

$$r = \begin{bmatrix} N_j & N_k \end{bmatrix} \begin{Bmatrix} r_j \\ r_k \end{Bmatrix} \tag{2.41}$$

avec: $N_j = 1 - \dfrac{s}{l_e}$

$N_k = \dfrac{s}{l_e}$

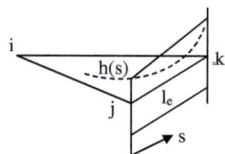

Figure 2.5 : *Interpolation du coefficient d'échange de chaleur sur le segment situé sur la frontière du domaine* Ω.

En reportant ces expressions dans l'équation (2.36), on obtient :

$$[a_e] = \int_{\Gamma_e} \{N\} h r (N) d\Gamma \tag{2.42}$$

Utilisant la formule d'intégration suivante [57],

$$\int_{\Gamma_e} N_1^a N_2^b d\Gamma = a!\, b!\, \frac{l_e}{(a+b+1)!} \tag{2.43}$$

on peut évaluer la matrice $[a_e]$:

$$
\begin{aligned}
a_{e11} &= \frac{l_e}{60}(12 h_j r_j + 3(h_j r_k + h_k r_j) + 2 h_k r_k) \\
a_{e12} &= \frac{l_e}{60}(3 h_j r_j + 2(h_j r_k + h_k r_j) + 3 h_k r_k) \\
a_{e21} &= a_{e12} \\
a_{e22} &= \frac{l_e}{60}(2 h_j r_j + 3(h_j r_k + h_k r_j) + 12 h_k r_k)
\end{aligned}
\tag{2.44}
$$

- *La matrice de capacité élémentaire:*

Introduisons (2.37), la matrice de capacité élémentaire associée à la deuxième intégrale de l'équation (2.35) peut s'écrire:

$$[c_e] = \int_{\Omega_e} \rho c \{N\}\langle r\rangle\{N\}\langle N\rangle d\Omega \tag{2.45}$$

Utilisons la formule d'intégration (2.29) pour évaluer les termes de cette matrice :

$$[C_e] = \frac{\rho c A_e}{60} \begin{bmatrix} 6r_i + 2r_j + 2r_k & 2r_i + 2r_j + r_k & 2r_i + r_j + 2r_k \\ & 2r_i + 6r_j + 2r_k & r_i + 2r_j + 2r_k \\ \text{symétrique} & & 2r_i + 2r_j + 6r_k \end{bmatrix} \tag{2.46}$$

- *Le vecteur des flux élémentaire:*

On remplace (2-40) et (2.41) dans, le vecteur du flux nodaux élémentaire $\{f_e\}$ associé au coefficient de transfert de chaleur h peut s'écrire :

$$\{f_e\} = \int_{\Gamma_e} \{N\}\langle r\rangle\{N\}\langle N\rangle\{h\} d\Gamma \tag{2.47}$$

La formule (2.43) nous donne :

$$\{f_e\} = \frac{l_e}{12} \begin{bmatrix} 3r_j + r_k & r_j + r_k \\ r_j + r_k & r_j + 3r_k \end{bmatrix} \begin{bmatrix} h_j \\ h_k \end{bmatrix} \tag{2.48}$$

2.2.3. Formulation en éléments finis du problème de la conduction de chaleur dans les sections droites des tubes

Pour modéliser par éléments finis l'équation différentielle (I.25) régissant la conduction de chaleur dans une section droite d'un tube de géométrie quelconque, on peut faire recours à la formulation de Galerkine.

En suivant les mêmes étapes des deux dernières sections, nous pouvons écrire :

$$\sum_{e=1}^{nel} \left(\int_{\Omega_e} \delta T_e \rho c \frac{\partial T_e}{\partial t} d\Omega_e + \int_{\Omega_e} \overrightarrow{grad}\, \delta T_e . [\lambda] . \overrightarrow{grad}\, T d\Omega_e + \int_{\Gamma_e} \delta T_e h (T - T_f)\, d\Gamma \right) = 0 \; ; \quad \forall\, w_e \tag{2.49}$$

Cette expression peut s'écrire sous la forme matricielle suivante, qui est la base de la méthode des éléments finis :

$$\sum_{e=1}^{nel} \left([C_e]\left\{ \frac{\partial T_e}{\partial t} \right\} + [K_e]\{T_e\} - \{f_e\} \right) = 0 \tag{2.50}$$

Utilisons les approximations linéaires sur un élément triangulaire données par (2.27) et (2.40), on obtient :

- *La matrice de capacité thermique*

$$[C_e] = \int_{\Omega_e} \rho c \langle N \rangle \{N\} d\,\Omega \qquad (2.51)$$

- *La matrice de conductivité thermique*

$$[K_{e_{ij}}] = \frac{1}{4A_e} \Big[\lambda_{11} b_i b_j + \lambda_{22} c_i c_j \Big] + \int_{\Gamma_e} h \langle N \rangle \{N\} d\,\Gamma \qquad (2.52)$$

- *Le vecteur des flux nodaux*

$$\{f_e\} = \int_{\Gamma_e} \{N\} h T_f d\,\Gamma \qquad (2.53)$$

Dans (2.52) et (2.53), $\{N\}$ représente les fonctions de forme pour approximer h sur le segment situé sur la frontière de Ω.

2.2.4. Assemblage des matrices élémentaires

Puisque une variable nodale T apparaît souvent dans plusieurs vecteurs élémentaires, et comme un nœud peut appartenir à plusieurs éléments, il est nécessaire qu'une telle variable nodale soit exprimée dans le même vecteur pour tous les éléments. L'opération d'assemblage consiste à construire un système matriciel global à partir des systèmes élémentaires.

Considérons un maillage comportant *nel* éléments et *nnd* nœuds, la forme intégrale globale discrétisée W est la somme des formes élémentaires discrétisées :

$$W = \sum_{1}^{nel} W_e$$

Les matrices globales et le vecteur flux global sont déterminés par :

$$K_{ij} = \sum_{1}^{nel} K_{ij}^e, \quad C_{ij} = \sum_{1}^{nel} C_{ij}^e \quad \text{et} \quad F_i = \sum_{1}^{nel} F_i^e \qquad \begin{cases} i = 1, nnd \\ j = 1, nnd \end{cases} \qquad (2.54)$$

50

2.2.5. Résolution des problèmes stationnaires

2.2.5.1. Résolution des systèmes d'équations linéaires

Les résultats finaux du développement de la méthode des éléments finis pour nos problèmes de conduction de chaleur stationnaires sont des systèmes d'équations de la forme:

$$\left[K_g\right]\{T\} = \{q_g\} \tag{2.55}$$

Ce système est linéaire lorsque $\left[K_g\right]$ et $\{q_g\}$ ne dépendent pas de $\{T\}$.

Etant donné que le coût de la résolution de ce système linéaire dans les applications pratiques est une partie significative du coût global d'analyse, la sélection d'une méthode de résolution devient fondamentale.

Il existe deux grandes classes des méthodes de résolution de système d'équations linéaires:

- Les méthodes directes dérivées de la méthode d'élimination de Gauss.

- Les méthodes itératives cherchant la solution par une succession d'améliorations d'une solution approchée.

La grande majorité des algorithmes en éléments finis utilisent des méthodes directes puisqu'elles nécessitent en général beaucoup moins d'opérations que les méthodes itératives. Nous avons utilisé pour résoudre nos problèmes linéaires, la méthode d'élimination de Gauss en adoptant des stratégies numériques de telle manière à profiter de la symétrie de la matrice de rigidité $\left[K_g\right]$ et à évitet aux maximum les opérations sur les termes nuls.

- Cas des températures imposées aux nœuds

Lorsqu'on impose des températures aux frontières du domaine, il résulte des composantes connues dans le vecteur $\{T\}$ et on peut faire la partition suivante :

$$\{T\} = \left\{ \begin{array}{c} T_p \\ T_{in} \end{array} \right\}$$

$\{T_p\}$: températures connues

$\{T_{in}\}$: températures inconnues

Dans ce cas une partition similaire pour le vecteur flux s'impose :

$$\{q\} = \begin{Bmatrix} q_p \\ q_{in} \end{Bmatrix}$$

$\{q_p\}$: vecteur flux inconnue, correspondant aux températures imposées

$\{q_{in}\}$: vecteur flux connue, correspondant aux nœuds restants.

Soit, par exemple $T_i = T_p$ est imposée au nœud i, dans ce cas en cours des éliminations de Gauss on remplace T_i par sa valeur T_p dans les équations $i+1,....n$ du système (2.55) :

$$\sum_{j=1}^{n} k_{1j} T_j = q_1$$

$$0.T_1 + \sum_{j=2}^{n} k_{2j}' T_2 = q_2$$

$$\dots\dots\dots\dots\dots\dots\dots\dots$$

$$0.T_1 + 0.T_2 + \dots + 0.T_i + \sum_{j=i+1}^{n} k_{i+1,j}' T_j = q_{i+1} - k_{i+1,i}' T_p$$

$$\dots\dots\dots\dots\dots\dots\dots\dots$$

$$0.T_1 + 0.T_2 + \dots + 0.T_i + \sum_{j=i+1}^{n} k_{n,j}' T_j = q_n - k_{n,i}' T_p$$

Si les températures imposées sont nulles on peut éliminer les lignes et les colonnes correspondantes à celles-ci, dans ce cas le système matriciel qu'on aura à résoudre sera :

$$[K_r]\{T_{in}\} = \{q_{in}\} \tag{2.56}$$

$[K_r]$ représente dans ce cas la matrice de rigidité restreinte des lignes et des colonnes relatives aux températures imposées nulles.

2.2.5.2. Résolution des systèmes d'équations non linéaires

Les paramètres physiques ρ, c et λ supposés indépendants de la solution T dans les problèmes linéaires deviennent des fonctions de T pour le cas de non-linéarité matériau.

Pour résoudre les problèmes non linéaires en régime stationnaire, la méthode des éléments finis conduit à un système d'équations algébriques non linéaires qui peut s'écrire sous la forme:

$$\lfloor K_g(T) \rfloor \{T\} = \{q_g\} \tag{2.57}$$

$$\{R(T)\} = \{q_g\} - \lfloor K_g(T) \rfloor \{T\} = 0 \tag{2.58}$$

La résolution du système non linéaire se fait de manière itérative, après avoir choisi une solution approchée $\{T^0\}$, on construit une suite de solutions $\{T^1\} \ldots \{T^n\}$ telle que :

$$\{R(T)\} = 0$$

On trouve trois méthodes de base dans la littérature pour résoudre ces problèmes [55], [60] : méthode de substitution, méthode de Newton Raphson et méthode pas à pas. Nous avons utilisé pour notre étude la méthode de substitution. Cette méthode conduit à résoudre pour chaque itération i le système linéaire suivant :

$$\lfloor K_g(T^{i-1}) \rfloor \{T^i\} = \{q_g\} ; i = 1, 2, \ldots n \tag{2.59}$$

$\{T^{i-1}\}$ étant connu à l'itération i, nous pouvons construire les matrices de rigidités élémentaires $\lfloor K(T^{i-1}) \rfloor$.

(2.57) peut s'écrire sous forme incrémentale en introduisant le résidu $\{R(T^i)\}$:

$$\{R(T^{i-1})\} = \{q_g\} - \lfloor K_g(T^{i-1}) \rfloor \{T^{i-1}\}$$

$$\lfloor K_g(T^{i-1}) \rfloor \{\Delta T^i\} = \{R(T^i)\} \tag{2.60}$$

$$\{T^i\} = \{T^{i-1}\} + \{\Delta T^i\}$$

53

Il est intéressant de rappeler qu'à chaque itération, on doit calculer les matrices de rigidité ainsi que les résidus élémentaires, faire l'assemblage et enfin résoudre le système linéaire

On utilise généralement la norme euclidienne $\|n\| = \sqrt{\langle \Delta T^i \rangle \{\Delta T^i\}}$ pour tester la convergence à chaque itération i tel que $\|n\| \leq \varepsilon$.

avec ε la précision exigée; si celle-ci n'est pas atteinte on poursuit avec la deuxième itération.

2.2.6. Résolution des problèmes transitoires

Il existe essentiellement trois méthodes de base pour l'intégration directes des systèmes d'équations différentielles (2.21) et (2.50) : méthodes explicite, implicite et de Cranck-Nicholson. Nous présentons dans cette section la méthode d'Euler semi implicite puisque son schéma est général et il peut s'adapter à toutes ces méthodes.

La méthode semi-implicite est comme toutes les méthodes directes, elle consiste à calculer numériquement, à partir de $\{T_0\}$ les valeurs $(\{T_{0+i\Delta t}\}; i = 1, n)$ aux instants $(t_{0+i\Delta t}; i = 1, n)$. Elle utilise des approximations des dérivées $\{T'\}$ du type différence finies par introduction d'un coefficient $\alpha, 0 \leq \alpha \leq 1$.

En supposant que $\{T\}$ varie linéairement sur chaque intervalle de temps $[t, t + \Delta t]$, nous pouvons donc le calculer à temps intermédiaire $t + \alpha \Delta t$ par :

$$\{T_{t+\alpha\Delta t}\} = \alpha\{T_{t+\Delta t}\} - (1-\alpha)\{T_t\} \tag{2.61}$$

Le vecteur dérivé de température $\{T'\}$ est supposé constant sur l'intervalle $[t, t + \Delta t]$

$$\{T'_{t+\alpha\Delta t}\} = \frac{\{T_{t+\Delta t}\} - \{T_t\}}{\Delta t} = \{g(\{T_{t+\alpha\Delta t}\}, t + \alpha\Delta t)\} \tag{2.62}$$

avec $\{g\} = [c]^{-1}(\{F\} - [K]\{T\})$ \hspace{1cm} (2.63)

Nous obtenons donc une expression semi implicite, dans laquelle $\{g\}$ fait intervenir les deux vecteurs $\{T_{t+\Delta t}\}$ et $\{T_t\}$.

Des équations (2.62) et (2.63), on obtient la relation de récurrence des systèmes (2.21) et (2.50) :

$$([C]+\alpha\Delta t[K])\{T_{t+\Delta t}\}=\Delta t(\alpha\{F_{t+\Delta t}\}+(1-\alpha)\{F_t\}-(1-\alpha)[K]\{T_t\})+[C]\{T_t\} \tag{2.64}$$

En faisant intervenir $\{\Delta T\}$, on peut déduire la forme incrémentale :

$$[\overline{K}]\{\Delta T\}=\{R_{t+\Delta t}\} \tag{2.65}$$

où

$$\{R_{t+\Delta t}\}=\Delta t(\alpha\{F_{t+\Delta t}\}+(1-\alpha)\{F_t\}-(1-\alpha)[K]\{T_t\}-\alpha[K(T_{t+\Delta t}^{i-1})]\{T_{t+\Delta t}^{i-1}\})+[C](\{T_t\}-\{T_{t+\Delta t}^{i-1}\}) \tag{2.66}$$

$$\{T_{t+\Delta t}\}=\{T_t\}+\{\Delta T\} \tag{2.67}$$

La stabilité de ce schéma d'intégration dépend de α, de Δt et de la plus grande valeur propre ω_{max} de la matrice $[C]^{-1}[K]$:

- la méthode d'Euler modifié est inconditionnellement stable lorsque $\alpha \geq \dfrac{1}{2}$

- pour $0 \leq \alpha < \dfrac{1}{2}$ la méthode est stable lorsque $\Delta t < \dfrac{2}{(1-2\alpha)\omega_{max}}$

- il y'a stabilité sans oscillation lorsque $\Delta t < \dfrac{1}{(1-\alpha)\omega_{max}}$

Certaines valeurs de α sont associées à des formules classiques :

- lorsque $\alpha = 0$, Nous obtenons un formalisme qui donne $\{T_{t+\Delta t}\}$ en fonction de $\{T_t\}$, cette méthode est dite explicite. Son avantage et que la mise en œuvre de son algorithme est facile. Par contre, elle nécessite de choisir Δt suffisamment petit pour éviter l'instabilité de calcul, notamment lorsque t croit.

- lorsque $\alpha = \dfrac{1}{2}$, nous retrouvons la formule classique des différences centrées (Cranck-Nickolson) de pas $\dfrac{\Delta t}{2}$. L'avantage de cette méthode est que l'erreur de troncature sur Δt est nettement plus petite que dans les méthodes implicite et explicite.

2.2.7. Mémorisation

Les matrices globales contiennent un grands nombre de termes non nuls. L'optimisation de la numérotation des nœuds donne des matrices structurées d'une façon qu'un grand nombre de termes non nuls seront regroupés au voisinage de la diagonale. Cette caractéristique permet d'obtenir des structures bandes et par conséquent réduire l'espace mémoire nécessaire pour le stockage et le temps de calcul. Les programmes puissants développés en éléments finis utilisent la méthode de stockage des matrices à ligne de ciel, par celle-ci on ne stocke que les éléments non nuls et leur position dans des matrices creuses.

2.2.8. Programmation

Le programme que nous avons développé pour résoudre le problème inverse de la conduction de chaleur est basé sur un algorithme qui résout successivement trois problèmes : problème direct, problème adjoint et problème de sensibilité, voir chapitre 3.

Les équations différentielles ainsi que les conditions aux limites et initiales régissant ces trois problèmes peuvent se mettre sous la forme similaire. Par conséquent, en se basant sur la méthode des éléments finis, un sous programme appelé DIRECT a été écrit en langage FORTRAN d'une manière qu'il s'adapte à la résolution des trois problèmes. Cependant, il est nécessaire de faire entrer à chaque fois les données correspondantes au problème à résoudre. Nous renvoyons le lecteur à la section 3.5 pour voir la comparaison entre ces données.

2.2.9. Organisation générale du sous programme DIRECT

Le module DIRECT permet de faire les calculs dans les domaines à géométries complexes pour les problèmes bidimensionnels et axisymétriques: stationnaires et transitoires, linéaires et non linéaires. Les domaines étudiés sont discrétisés en éléments triangulaires linéaires à trois nœuds.

L'organigramme général décrivant les étapes de calcul effectué dans ce module est présenté sur la figure (2.6).

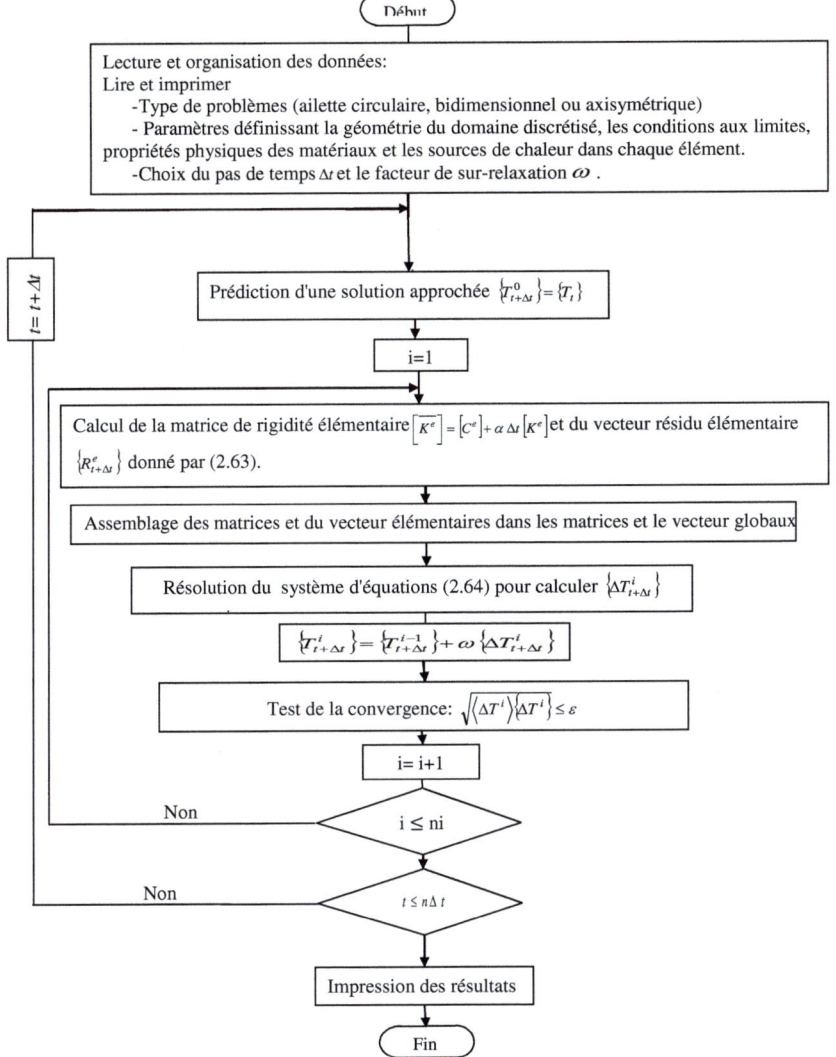

Figure 2.6 : *Organigramme général du sous programme DIRECT.*

2.3. Validation numérique du programme DIRECT

Pour montrer les applications et les performances du programme sur divers problèmes de la conduction de chaleur, nous proposons des problèmes tests qui ont des solutions analytiques et d'autres de la bibliographie [21], [41-45][57], [61-63].

2.3.1. Conduction bidimensionnelle en régime transitoire

Dans une première étape, nous avons étudié la conduction transitoire bidimensionnelle dans une géométrie régulière. La géométrie du domaine concernée par les calculs est un carré où la longueur de son coté est égale à 15 cm. Tous les points du domaine sont initialement à 0 °C et ses frontières sont soumises à des conditions suivantes :

$y = 0$ et $0 \leq x \leq 0.15;\ T = 100°C$

$x = 0$ et $0 \leq y \leq 0.15;\ T = 100°C$

$y = 0.15$ et $0 \leq x \leq 0.15;\ T = 0°C$

$x = 0.15$ et $0 \leq x \leq 0.15;\ T = 0°C$

avec la diffusivité du matériau : $a = \dfrac{\lambda}{\rho c} = 15.\,m^2/s$

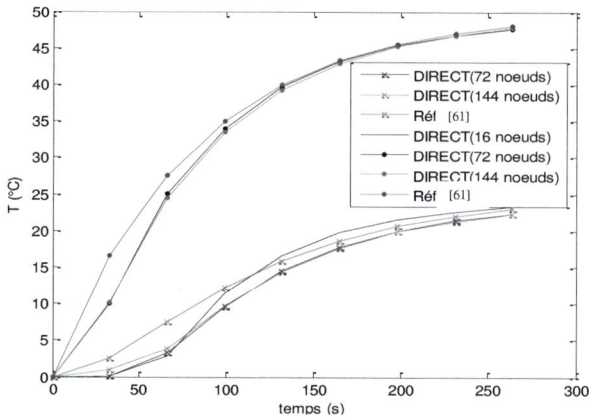

Figure 2.7 *Evolution de la température aux points: A(x=.1; y=.1) et B(x=.05; y=.1). Comparaison avec la référence [61].*

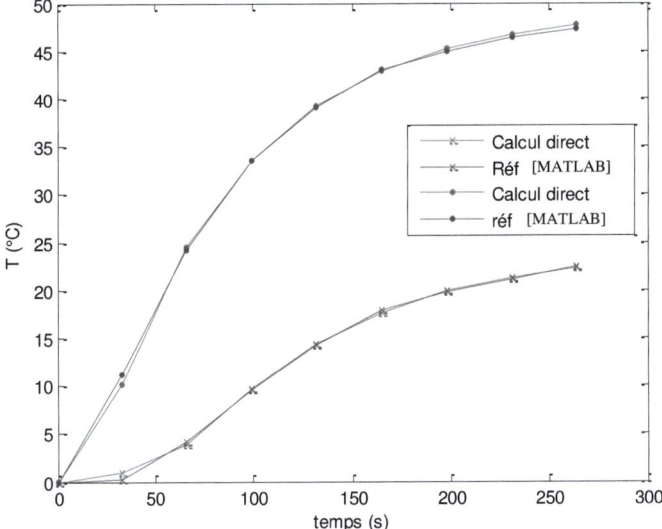

Figure 2.8 : *Evolution de la température aux points: A(x=.1; y=.1) et B(x=.05; y=.1). Comparaison avec* [MATLAB].

Les résultats obtenus par DIRECT ont été comparés d'une part avec les résultats obtenus par la méthode des différences finies en utilisant le schéma implicite (ADI), d'autre part avec les résultats du logiciel MATLAB 6.5 [MATLAB], voir figures (2.7) et (2.8).

Ces figures nous permettent de constater que le sous programme DIRECT fournis des résultats très concluants et elles nous confirment aussi la performance de la méthode des éléments finis en utilisant l'élément triangulaire.

2.3.2. Transfert de chaleur stationnaire dans un cylindre plein

Dans ce paragraphe nous avons choisi l'exemple test qui a été traité par [21]. C'est un cylindre plein chauffé par une source de chaleur située à son centre et refroidi par un jet d'air dirigé dans la direction normale à son axe sur sa paroi extérieure.

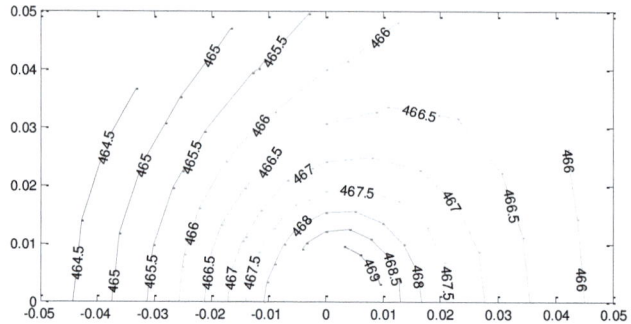

Figure 2.9 : *Les isothermes trouvées par DIRECT dans la section droite du cylindre plein Re= 500.*

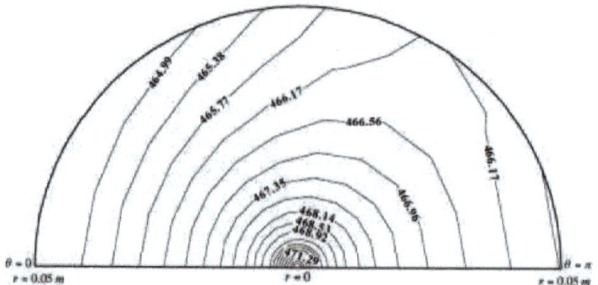

Figure 2.10 : *Les isothermes trouvées par Lin J-H [21], dans la section droite du cylindre plein Re= 500.*

Les courbes montrées sur la figure (2.10) représentent les isothermes trouvées dans la référence [12] pour le cas du nombre de Reynolds Re=500. Les isothermes obtenues à ce cas par DIRECT en étudiant le transfert de chaleur bidimensionnel dans la section droite d'un cylindre plein sont très satisfaisantes du fait qu'elles s'accordent bien avec celles obtenues dans la référence [21].

2.3.3. Transfert de chaleur stationnaire dans les ailettes circulaires

L'objectif de ce paragraphe étant la validation du sous programme DIRECT dans le cas de transfert de chaleur dans les ailettes circulaires. Afin de prendre en

60

considération la variation du coefficient de transfert de chaleur avec l'azimut φ nous avons choisi un problème test de la référence [42].

Les isothermes obtenues par DIRECT sont représentés dans les figures (2.11) et (2.12). On peut voir sur ces figures que les résultats du DIRECT sont en parfait agrément avec ceux de la référence [42] représentées sur la figure (2.13).

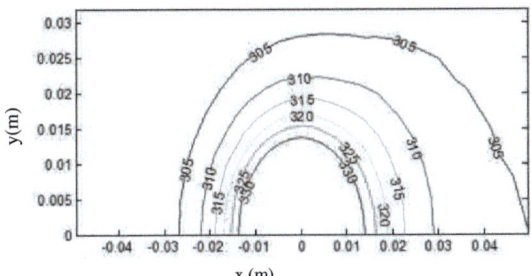

Figure 2. 11 : *Les isothermes en fonction des coordonnées cartésiennes (V=3 m/s et 0.015 m) calculées dans l'ailette circulaire par DIRECT.*

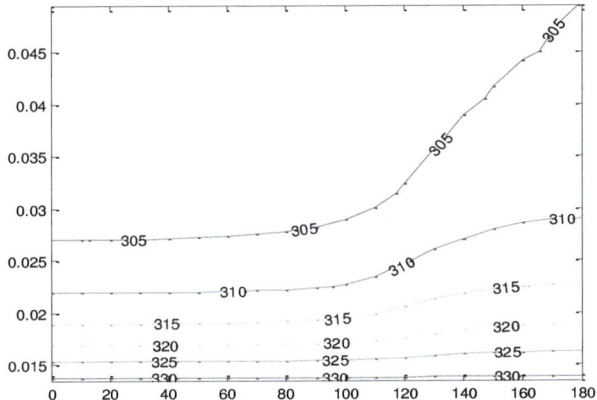

Figure 2.12 : *Les isothermes en coordonnées polaires (V=3 m/s et s=0.015 m), calculées dans l'ailette circulaire par DIRECT.*

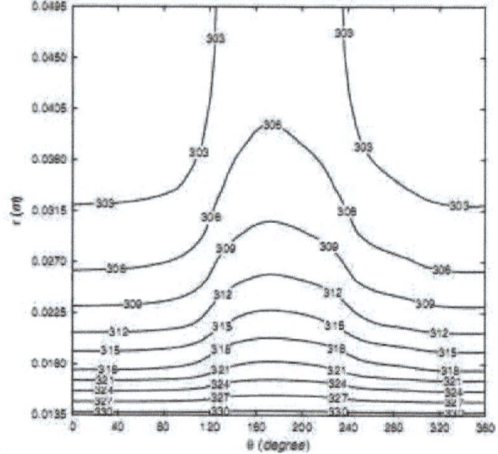

Figure 2. 13 : *Les isothermes en coordonnées polaires (V=3 m/s et s=0.015 m), calculées dans l'ailette circulaire par Chen H-T et Hsu W-L [42].*

2.3.4. Conduction transitoire non linéaire

Dans le but de montrer la performance du module DIRECT pour résoudre les problèmes paraboliques non linéaires, nous proposons un exemple test qui a été traité dans la bibliographie [62-63].

Il s'agit d'un tube circulaire parcouru par un fluide chaud à une grande vitesse. Ceci nous permet de supposer que la température de la paroi intérieure est constante et égale à celle du fluide. La paroi extérieure est soumise à un flux d'air froid dirigé dans la direction normale à l'axe du tube.

Les différentes données du problème : propriétés du matériau, la variation du coefficient d'échange autour du tube et les conditions aux limites et initiales sont les suivantes :

$T_f = 20°C$ et la température initiale est $T_0 = 60°C$.

Diffusivité thermique: $a(T) = 1.428.10^{-7} - 0.143.10^{-9}T + .408.10^{-12}T^2$; T en °K

Conductivité thermique: $\lambda(T) = 0.3 + 28.10^{-4}T$; T en °K

$$h(\varphi) = \begin{cases} 250 & \varphi \in [0,40°] \\ -3.75\varphi + 400; & \varphi \in [40°\ 80°] \\ \varphi + 20; & \varphi \in [80°\ 180°] \end{cases}$$

La température du fluide extérieur est $T_f = 20°C$ et la température initiale est $T_0 = 60°C$.

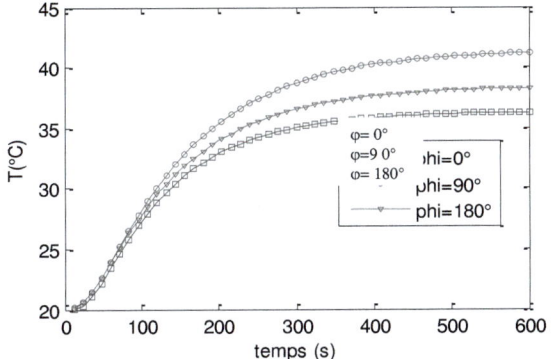

Figure 2.14 : *Evolution de la température aux points situés sur la circonférence (r=14.4 mm).*

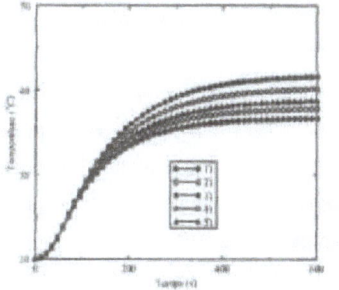

Figure 2.15 : *Evolution de la température aux points situés sur la circonférence (r=14.4 mm) : 1) φ=0, 2) φ=45, 3) φ=9, 4) φ=135 et 5) φ=180; Réf [63].*

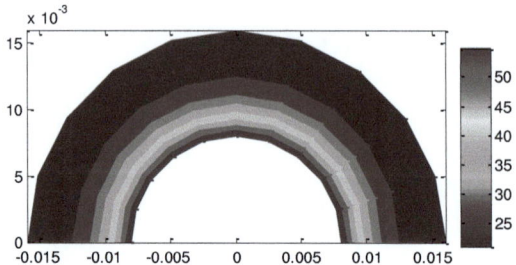

Figure 2. 16: *Les isothermes obtenues par DIRECT dans la section droite de la conduite au temps t=48s.*

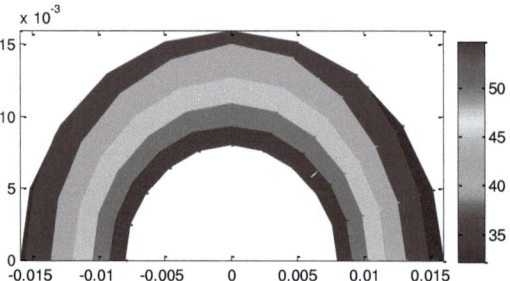

Figure 2. 17: *Les isothermes obtenues par DIRECT dans la section droite de la conduite au temps t=600s.*

La comparaison d'une part entre les figures (2.14) et (2.15) représentant l'évolution temporelle de température aux trois points ($\varphi = 0^0, \varphi = 90^0$ et $\varphi = 180^0$) situés sur la circonférence (r=14.4 mm) qui a été trouvé par DIRECT et celui trouvé dans la référence [62] est très satisfaisante. Ceci confirme la puissance des méthodes numériques employées dans DIRECT à résoudre les problèmes aux limites de type parabolique.

2.3.5. Méthode de superposition modale

Afin de valider l'algorithme de résolution du problème direct qui a utilisé le schéma implicite pour discrétiser la dérivée $\dfrac{\partial T}{\partial t}$ avec d'autre méthode, nous avons choisi la méthode de superposition modale qui est très souvent utilisée pour résoudre les systèmes paraboliques. Le lecteur peut voir une aidée générale sur cette méthode dans les références [55] et [57].

Pour cet objectif, un simple exemple a été choisi de la référence [57]: Le milieu concerné par les calculs est de géométrie rectangulaire.

$$x = 0; \forall y \quad T = 0^0 C$$
$$y = 0.2m; \ T = 100^0 C$$

Les autres surfaces de frontières sont isolées thermiquement.

La diffusivité du milieu est $a = 8,4.10^{-4} \ \dfrac{m^2}{s}$.

La solution qui donne l'évolution de température au point situé à $x = 0.1m$ obtenue par la méthode de superposition modale est:

$$\frac{T}{T_0} = 0.5 - 0.6036e^{-0.218\,t} + 0.1036e^{-2.662t}$$

La comparaison des résultats trouvés par DIRECT avec cette solution est très satisfaisante, voir figure (2.18).

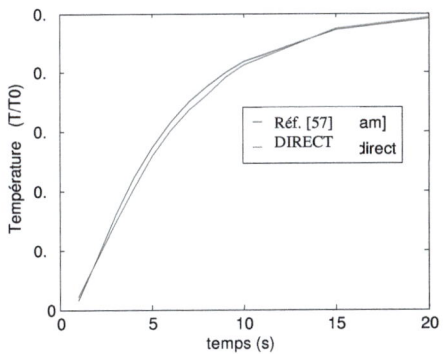

Figure 2.18 : *Evolution de température au point :C (x=0.1; y=0.1). Comparaison avec réf. [57].*

Chapitre 3

Traitement inverse pour estimer le coefficient de transfert de chaleur

3.1. Définitions et classement des méthodes inverses

La résolution d'un problème direct de conduction de chaleur consiste à déterminer les champs de température et de flux thermiques au sein d'un système dont la géométrie, les propriétés thermophysiques, les conditions initiales et les conditions aux limites (températures, flux de chaleur et les coefficients d'échange par convection ou par radiation) sont bien connus. Par opposition, la résolution d'un problème inverse de conduction de la chaleur consiste à déterminer une ou plusieurs grandeurs définissant le système (conditions d'échange par convection, propriétés thermophysique,....) à partir de la connaissance des mesures de températures à différents instants et différents points du domaine de calcul.

Les problèmes inverses en conduction thermique peuvent être subdivisés selon la nature des données manquantes en cinq catégories [64] :
- Les problèmes inverses de frontières ont pour objectif d'estimer la température, la densité de flux ou le coefficient d'échange de chaleur qu'il n'est pas possible de mesurer.

- Les problèmes d'estimation de sources de chaleur ont pour but d'estimer des sources de chaleur volumiques.

- Les problèmes inverses de conditions initiales consistent à déterminer la distribution de températures à un instant donné.

- Les problèmes d'estimation de paramètres matériaux concernent la détermination des propriétés thermophysiques de l'équation de la chaleur, telles que la diffusivité et la conductivité thermiques. Ces propriétés peuvent être évaluées en fonction de la température.

- Les problèmes inverses géométriques consistent à estimer une partie de la géométrie du domaine de calcul. Le cas le plus étudié est l'identification de l'interface de changement de phase.

3.2. Problème bien et mal posé

Pour les problèmes directs, dans la plupart des cas les méthodes numériques aboutissent à la résolution du système $Hz = y$. L'existence, l'unicité et la stabilité de la solution z sont souvent obtenues pour des problèmes directs avec des conditions aux limites bien posées. En revanche, pour des problèmes inverses, ces conditions ne sont pas toujours vérifiées.

Hadamard [65] a introduit dés 1923 la notion de problème mathématique bien posé. Le problème d'inversion consiste pour $z \in Z$ à trouver $y \in Y$ tel que $H^{-1}y = z$ est un problème bien posé si les trois conditions suivantes sont satisfaites :

1) La solution doit exister (Existence) : C'est la propriété de surjectivité de l'opérateur inverse H^{-1} de conduction de la chaleur.

2) Unicité de la solution : C'est la propriété d'injectivité de l'opérateur inverse H^{-1} de conduction de la chaleur.

3) Stabilité de la solution : La résolution est stable si de petites perturbations sur les données en engendrent des petites sur la solution obtenue. Au plan Mathématique, on peut être confronté à des solutions instables [66] quand

l'application de l'opérateur H^{-1} à deux valeurs très proches y_1 et y_2 peut donner des solutions très éloignées z_1 et z_2, voir figure 3.1.

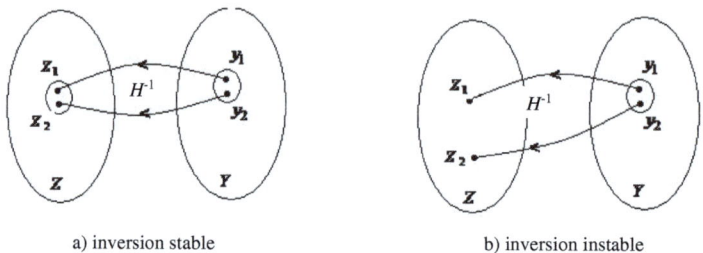

a) inversion stable   b) inversion instable

Figure 3.1 : *Stabilité et instabilité de l'inversion.*

Dans la plus part des cas, les problèmes inverses ne respectent pas la 3éme condition car ils sont liés à des mesures expérimentales.

Ciarlet [67] a illustré l'importance du critère de stabilité par un exemple numérique simple : En introduisant une très petite perturbation sur le système linéaire $Hz = y$ par une très légère modification du second membre (moins de 1% sur chacune de ses composantes), on constate qu'une erreur relative peut aller jusqu'à plus de 1500% sur certaines composantes de z.

L'amplification de l'erreur relative du résultat par rapport à l'erreur relative des perturbations introduites est lié au nombre de conditionnement de la matrice H. Ce nombre est défini à partir d'un rapport de normes matricielles.

$$cond(H) = \|H\| \|H^{-1}\| = \frac{\lambda_{max}}{\lambda_{min}}$$

où λ_{max} désigne la plus grande valeur singulière de la matrice H et λ_{min} désigne la plus petite.

Un bon conditionnement est aux alentours de l'unité.

3.3. Régularisation

Lorsque la matrice H est carrée et inversible, une inversion directe, au sens de la solution calculée par $z = H^{-1}y$, peut être envisagée. Dans tous les autres cas, cette inversion directe est inapplicable. La nécessité de définir des solutions bien posées utilisables dans des situations générales est à l'origine des développements de techniques de la régularisation.

L'objectif de la théorie de régularisation numérique est de fournir des méthodes numériques efficaces qui réduisent les instabilités des solutions des problèmes inverses.

En général, La difficulté rencontrée est la grande sensibilité aux bruits additifs sur les mesures utilisées. Cette difficulté est classique en inversion de l'équation de la chaleur. Généralement, elle est due au fait que le problème d'inversion est mal posé. Cela se traduit par un mauvais conditionnement de la matrice à inverser [67].

Régulariser un problème mal posé, c'est le remplacer par un autre bien posé de sorte que l'erreur commise soit compensée par le gain de stabilité. La régularisation consiste à stabiliser le problème en diminuant la sensibilité de la solution aux erreurs commises sur les données.

Considérons le problème inverse de conduction de chaleur (PICC). Il consiste à résoudre le système :

$$HZ = Y \tag{3.1}$$

où Y est le vecteur de données représentant les températures mesurées et A matrice de sensibilité mal-conditionnée.

La plupart des méthodes de résolution du (PICC) cherche des solutions au sens de la minimisation d'une norme de l'écart entre HZ et Y, c'est-à-dire :

$$z = \arg\min\|HZ - Y\|^2 \tag{3.2}$$

et cherchent une solution proche de la solution réelle en utilisant une technique de régularisation [68-70].

Nous présentons dans ce chapitre une introduction aux méthodes de régularisation les plus courantes : la méthode de Tikhonov et la régularisation itérative.

3.3.1. Régularisation par la méthode de Tikhonov

La minimisation du critère $J(Z) = \|HZ - Y\|^2$ mène à la solution optimale au sens des moindres carrés par la solution du système :

$$H^t HZ = H^t Y \tag{3.3}$$

Comme nous l'avons vu précédemment, les problèmes inverses de la conduction thermique sont des problèmes mal posés. Mathématiquement, la cause principale provient du nombre de conditionnement élevé de la matrice $H^t H$. Par conséquent, la solution z est très sensible au bruit de mesure compris dans Y. Pour cela, on construit un autre critère à minimiser :

$$J(Z) = \|HZ - Y\|^2 + \mu \, \Omega(Z) \tag{3.4}$$

où $\mu \succ 0$ est un scalaire appelé paramètre de régularisation et $\Omega(Z)$ est une fonction de régularisation.

La régularisation par la méthode de Tikhonov permet de résoudre un problème plus stable pour trouver une solution proche de celle des moindres carrés. Les premières applications de cette méthode de régularisation ont été faites par l'intermédiaire du terme de pénalisation suivant :

$$\Omega(Z) = \|Z\|^2 \tag{3.5}$$

Ultérieurement, Tikhonov et Arsenin [68] ont utilisé un terme plus général que celui ci pour pénaliser le critère $J(Z) = \|HZ - Y\|^2$. On se propose alors, pour minimiser le critère (3.4), une autre fonction de régularisation $\Omega(Z)$ défini par :

$$\Omega(Z) = \|D_n Z\|^2 \tag{3.6}$$

Où $[D_n]$ est une matrice de différenciation d'ordre n donnée par :

$$\|D_n Z\|^2 = \left\| \frac{\partial^n z}{\partial s^n} - \frac{\partial^n z_{est}}{\partial s^n} \right\|^2 \qquad\qquad (3.7)$$

z_{est} est une estimation initiale.

On utilise la norme euclidienne de la dérivée première de z pour la régularisation d'ordre 1 ou de sa dérivée seconde pour la régularisation d'ordre 2.

Le paramètre de régularisation μ doit être fixé de manière à ce que la solution cherchée soit précise. Il existe plusieurs méthodes dans la littérature pour le déterminer [66,71]. Nous pouvons par exemple citer :

- Méthode fondée par Hansen [71] appelée technique de courbe en L

- Méthode basée sur le même principe utilisée dans les techniques de régularisation itérative pour arrêter les itérations : $J(Z_\mu) = N_c \sigma^2$

3.3.2. Régularisation itérative

Le problème inverse de conduction de la chaleur est un problème très sensible aux erreurs existantes sur les mesures. Les méthodes de régularisation consistent à atténuer l'amplification des erreurs de mesures sur la solution. Les méthodes de régularisation itérative sont très répandues en thermique et joue un rôle important dans de nombreuses applications. Elles sont hautement performantes si les mesures de températures sont connues avec précision.

Au vue de la bibliographie, la régularisation itérative proposée et fondée par Alifanove et Artuykhin [69,70] semble la plus efficace pour obtenir une solution stable du problème inverse traité par la méthode des gradients conjugués. En effet, la méthode des gradients conjugués présente une instabilité à partir d'un seuil de convergence.

En présence du bruit, plus le nombre d'itérations augmente, et plus les instabilités prennent de l'ampleur. L'objectif de la régularisation itérative est d'arrêter à l'itération n^p avant que la méthode ne diverge. La fonction objectif atteint à cette itération une certaine valeur du critère d'arrêt.

$$J(Z^{n_p}) = \delta^2 \qquad\qquad (3.8)$$

71

où n^p est le paramètre de régularisation de la méthode.

$$\delta^2 = \sum_{n=1}^{nc} \int_0^{t_f} \delta \dot{y}_n^2(t)dt \qquad (3.9)$$

$\delta y_n(t)$ est l'estimation de la réponse en température mesurée par le nième capteur en fonction du temps.

3.4. Méthodes de résolution des PICC

3.4.1. Méthodes de résolution non itératives

Diverses méthodes ont été utilisées pour résoudre les différentes familles des problèmes d'inversion en conduction de la chaleur. Parmi les techniques de résolution que l'on rencontre dans la littérature, des méthodes de résolution non itératives utilisées pour estimer les conditions aux limites (températures, flux surfacique et le coefficient d'échange). A titre bibliographique, nous exposons dans ce paragraphe quelques unes de ces méthodes.

3.4.1.1. Méthode de retour vers la surface

Cette méthode a été proposée par Raynaud et Bransier [72]. Elle est limitée dans la pratique aux problèmes monodimensionnels. Le domaine étudié est décomposé en deux zones : une zone directe comprise entre un point de mesure et la condition aux limites connue et une zone inverse inaccessible à la mesure. Pour mettre en œuvre de cette méthode, on doit suivre les étapes suivantes [73] :

1) Découpage du solide étudié suivant la direction x en $N-1$ tranches d'épaisseur Δx_d dans la zone directe et Δx_i dans la région inverse.

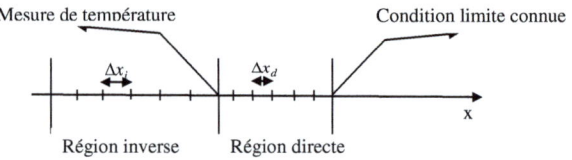

Figure 3.2 : *Méthode inverse de retour vers la frontière; Régions directe et inverse.*

2) Calcul du champ de températures dans la région directe par le problème direct de conduction de la chaleur en utilisant le schéma implicite.

3) Calcul des températures inconnues dans la région inverse à partir des températures connues en discrétisant l'équation de diffusion de la chaleur par un schéma explicite.

4) Par un bilan thermique appliqué à l'instant $n\,\Delta t$ sur le volume de contrôle qui entoure la première demi-maille, on obtient le flux surfacique dans le cas d'une paroi plane ou d'une barre adiabatique :

$$q^n = \rho c \frac{\Delta x_i}{2} \frac{T_1^n - T_1^{n-1}}{\Delta t} + \lambda \frac{T_1^n - T_2^n}{\Delta x_i} \tag{3.10}$$

3.4.1.2. Méthode de spécification de Beck

La méthode de spécification de Beck est une méthode séquentielle. Elle a été largement utilisée pour la solution des problèmes inverse de frontière. Le principe de base de cette méthode pour estimer le flux de chaleur surfacique q est de minimiser la fonctionnelle suivante :

On suppose connus T^n et q^n au temps $t^n = n\Delta t$ et on cherche à les calculer aux temps suivants.

$$J[q^{n+1}] = \sum_{m=1}^{Nc} \sum_{j=1}^{r} [T(x_m, t_{n+j}; q) - Tmea(x_m, t_{n+j})]^2 \tag{3.11}$$

où $Tmea(x_m, t_{n+j})$ et $T(x_m, t_{n+j}; q)$ représentent respectivement la température mesurée au point m à l'instant t_{n+j} et la température calculée par le problème direct à ce même endroit; r correspond au nombre de pas de temps futur et N_c le nombre de capteurs instrumentés.

La minimisation de l'équation (3.11) revient à vérifier la condition suivante :

$$J'[q^{n+1}] = 2\sum_{m=1}^{Nc} \sum_{j=1}^{r} [T(x_m, t_{n+j}; q) - Tmea(x_m, t_{n+j})] \frac{\partial T_m^{n+j}}{\partial q^{n+1}} = 0 \tag{3.12}$$

où $Cs_m^{n+j} = \dfrac{\partial T_m^{n+j}}{\partial q^{n+1}}$ est le coefficient de sensibilité à l'instant t_{n+j} au point de mesure m

[65, 72]. Il est généralement approximé par la relation suivante :

$$Cs_m^{n+j} = \frac{T_m^{n+j}(q^{n+1} + \varepsilon \, q^{n+1}) - T_m^{n+j}(q^{n+1})}{\varepsilon \, q^{n+1}} \tag{3.13}$$

où ε est un paramètre de sensibilité (typiquement 0.001).

L'approximation de $T(x_m, t_{n+j}; q)$ par un développement de Taylor permet d'écrire :

$$T(x_m, t_{n+j}; q^{n+1}) = T(x_m, t_{n+j}; q^n) + \Delta q Cs_m^{n+j} \tag{3.14}$$

de (3.12), (3.13) et (3.14) on obtient :

$$\Delta q^n = \frac{\displaystyle\sum_{m=1}^{Nc} \sum_{j=1}^{r} Cs_m^{n+j}(T_m^{n+j} - Tmea_m^{n+j})}{\displaystyle\sum_{m=1}^{Nc} \sum_{j=1}^{r} (Cs_m^{n+j})^2} \tag{3.15}$$

Le flux q^n étant connu, on calcule donc q^{n+1} par la relation suivante :

$$q^{n+1} = q^n + \Delta q^n \tag{3.16}$$

Par suite, on utilise cette valeur pour calculer le champ de températures dans tout le solide. On recommence alors les mêmes calculs pour les pas de temps suivants.

Afin de déterminer le coefficient de transfert de chaleur à la frontière, on calcule les variations temporelles de la température et du flux surfacique à cette frontière. Connaissant ce flux surfacique et la température de l'environnement, on en déduit le coefficient de transfert de chaleur.

Pour en savoir plus sur les deux méthodes : le retour à la frontière et la technique de spécification de fonction, nous renvoyons le lecteur aux travaux de Raynaud [73]. Cet auteur a comparé les deux méthodes en étudiant l'influence du pas de temps, nombre de pas de temps future, nombre de Fourier et le bruit la stabilité des deux méthodes.

3.4.1.3. La méthode d'inversion pseudo matricielle

La méthode par inversion pseudo matricielle (solution au sens de moindres carrées) est beaucoup utilisée en PICC, notamment aux problèmes d'estimation de conditions aux limites. Cette méthode a été employée dans les références [74, 75]. Dans la première, les auteurs ont estimé la distribution spatiale et temporelle d'un flux de chaleur sur une frontière du domaine étudié. Dans la seconde, les variations des coefficients d'échange thermique à la périphérie d'un cylindre ont été déterminées.

Tout comme les méthodes inverses, la mise en place de cette technique passe par la résolution d'un problème direct.

Les différentes techniques utilisées dans la littérature pour modéliser les problèmes directs, telles que la méthode des éléments de frontière [74, 75] mènent à la résolution d'un système d'équations de la forme suivante :

$$KT = Q \qquad (3.17)$$

Il est possible de réarranger cette équation afin de grouper les grandeurs inconnues dans un vecteur Z et de constituer un système d'équations algébriques :

$$HZ = T_{mea} \qquad (3.18)$$

Le vecteur z représente les températures et les flux de chaleur inconnus [75] qui doit correspondre au vecteur des mesures $Tmea$.

Le système est sous déterminé si le nombre des équations $N_{éq}$ est inférieur au nombre des inconnues N_{inc}, carré si $N_{éq} = N_{inc}$ et surdéterminé si $N_{éq} \rangle N_{inc}$. Dans la pratique, il vaut mieux que le système soit surdéterminé pour que la résolution puisse se faire au sens des moindres carrés.

Lors de la présentation du caractère mal posé des PICC, voir paragraphe 3.2, on a vu que ces problèmes peuvent avoir une infinité de solutions acceptables au sens des moindres carrés, celles-ci satisfont :

$$\min\|HZ - T_{mea}\| \langle \varepsilon \tag{3.19}$$

Les solutions z sont appelées quasi-solutions.

Pour résoudre le système linéaire surdéterminé (3.18), on minimise la fonction objectif :

$$J(Z) = \|T_{mea} - HZ\|^2 \tag{3.20}$$

Cette minimisation permet de retrouver une solution optimale au sens des moindres carrés par la résolution du système suivant :

$$H^t HZ = H^t T_{mea} \tag{3.21}$$

La solution est donc :

$$Z = (H^t H)^{-1} H^t T_{mea} \tag{3.22}$$

La solution du système (3.18) est très sensible aux bruits additifs sur les mesures utilisées à cause du mauvais conditionnement de la matrice à inverser. Dans ce cas, on fait recours à des méthodes de régularisation.

Dans ce paragraphe, nous avons choisi de décrire la régularisation du problème d'inversion par pénalisation de Tikhonov.

Cette technique consiste à adjoindre un terme régularisant à la forme quadratique (Eq. 3.20) pour atténuer les instabilités qui peuvent se produire dans les solutions. Alors, le nouveau critère à minimiser devient :

$$J(Z) = \|T_{mea} - HZ\|^2 + \mu\|DZ\|^2 \tag{3.23}$$

Le développement de cette expression nous amène à minimiser la fonctionnelle suivante :

$$J_\mu(Z) = (T_{mea} - HZ)^t (T_{mea} - HZ) + \mu Z^t D^t DZ \tag{3.24}$$

On peut obtenir le minimum de $J_\mu(Z)$ par l'annulation de son gradient par rapport à Z.

$$(H^t H + \mu D^t D)Z_\mu = H^t T_{mea} \tag{3.25}$$

3.4.2. Méthodes de descentes

Les méthodes de descentes sont des méthodes itératives. Elles s'adaptent au traitement des divers et variés problèmes inverses de conduction de chaleur : linéaires, non linéaires, stationnaires, transitoires, estimation des conditions aux limites, identification des paramètres de matériau, etc.

Les thermiciens utilisent beaucoup ces méthodes car elles leurs permettent de résoudre plusieurs problèmes de problèmes inverses de conduction de chaleur avec un seul algorithme universel.

Comme toutes les méthodes inverses, les méthodes de descentes recherchent la solution du problème inverse par la minimisation de la fonctionnelle suivante :

$$J(Z) = \int_0^{t_f} \sum_{m=1}^{N_c} [T(Z) - Y_m]^2 dt \tag{3.26}$$

où $Y_m(t)$ représentent les températures mesurées dans N_c positions.

L'algorithme de ces méthodes consiste, à partir d'une estimation $Z^{(0)}$ à déterminer les vecteurs successifs $Z^1, Z^2, \ldots$ jusqu'à retrouver la solution $Z^{(k)}$ tel que $J(Z)$ soit minimale. Le procédé itératif pour estimer le vecteur Z est donné par :

$$Z^0 \text{ donné}, \quad Z^{k+1} = Z^k - \beta^k d^k \tag{3.27}$$

où : $\beta^k \in R$ la profondeur de descente, $d^k \in R^n$ la direction de descente.

La profondeur de descente permet de minimiser le critère $J(Z)$ le long de la direction d^k, elle est définie par :

$$\beta^k = \arg\min \left\| J(Z^k - \beta d^k) \right\|^2 \tag{3.28}$$

Quant à la direction de descente, les techniques à direction de descente différencient par son choix. Nous évoquons dans cette thèse les grands principes de quelques unes et nous décrirons plus en détail la méthode du gradient conjugué que nous avons utilisée dans cette thèse.

3.4.2.1. Méthode d'ordre zéro

Les méthodes d'ordre zéro font partie des méthodes itératives qui n'utilisent que les valeurs successives du critère à minimiser $J(z)$. Elles n'ont pas besoin à calculer le gradient de ce critère. Ces méthodes sont utiles lorsque $J(z)$ est non différentiables.

3.4.2.2. Méthode de plus forte pente

La méthode de plus forte pente est la plus simple des méthodes de descente à mettre en œuvre. Elle a été utilisée à plusieurs reprises par Huang [33, 34] pour résoudre les problèmes inverses de conduction de la chaleur. L'idée de base de la méthode est de diminuer plus rapidement la fonction objectif. Dans ce cas, on choisit pour la direction de descente l'opposé de $J_z^{'}(z)$; $\quad d^k = -J_z^{'}(z)$ \hfill (3.29)

On peut démontrer que $\langle d^k, d^{k+1} \rangle = 0$, ce qui prouve que les directions de descentes successives d^k, d^{k+1} sont orthogonales.

3.4.2.3. Méthode du gradient conjugué

La méthode du gradient conjugué remonte aux années cinquante. Elle a été inventé par Hestens et Stifel pour minimiser le critère quadratique (3.20), avec A est symétrique définie positive. Par la suite, l'algorithme du gradient conjugué a été étendu à des problèmes non linéaires (critères non quadratiques) donnant à des nouvelles versions.

Le principe de cette méthode est de déterminer itérativement des directions de descentes $d^0, d^0, \ldots d^k$. L'ensemble de ces vecteurs non nuls de R^n est conjugué par rapport à la matrice $H^t H$:

$d_i^t H^t H d_j = 0$ pour tout $i \neq j$

La résolution qui permet de déterminer les directions de descente est la suivante :

$$d^0 = J_z^{'}(z^0) \text{ et } \quad d^k = J_z^{'}(z^k) + \gamma^k d^{k-1} \tag{3.30}$$

Les différentes versions de l'algorithme de gradient conjugué se distinguent par les formules qui donnent le coefficient conjugué :

Fletcher et Reeves: $\gamma^0 = 0$ et $\gamma^k = \dfrac{\left\| J'(z^k) \right\|^2}{\left\| J^{'}(z^{k-1}) \right\|^2}$ pour $k = 0,1,\ldots$ $\tag{3.31}$

Polak et Ribière $\gamma^0 = 0$ et $\gamma^k = \dfrac{\left\langle J_z^{'}(z^k), J_z^{'}(z^k) - J_z^{'}(z^{k-1}) \right\rangle}{\left\| J^{'}(z^{k-1}) \right\|^2}$ pour $k = 0,1,\ldots$ $\tag{3.32}$

où $\langle .,. \rangle$ traduit le produit scalaire et $\| \, \|$ la norme euclidienne.

Pour trouver les expressions qui donnent β^k et le gradient de la fonctionnelle $J^{'}(z)$ on résout les problèmes de sensibilité et d'adjoint suivants :

3.4.3.4. Méthodes du deuxième ordre

La deuxième stratégie de choix de la direction de descente d utilisent en plus des précédentes les dérivées secondes de la fonctionnelle J :

$$d = -(\nabla^2 J(Z))^{-1} \nabla J(Z) \tag{3.33}$$

où $\nabla^2 J(Z)$ est la matrice Hessienne qui est symétrique définie positive dans le voisinage de $Z_{\text{estimé}}$.

Parmi les algorithmes classiques de ces méthodes on donne ici celui de Newoton [76] :

$$Z^{(k+1)} = Z^{(k)} - \omega^{(k)} \left[\nabla^2 J(Z^{(k)}) \right]^{-1} \nabla J(Z^{(k)}) \text{ pour } k = 0,1,\ldots \tag{3.34}$$

où $\omega^{(k)}$ représente le coefficient de relaxation.

Les algorithmes de Newton sont plus rapides que ceux de gradient mais ils sont plus coûteux.

3.5. Formulation des problèmes inverses

Les problèmes inverses visent l'évaluation des coefficients de transfert de chaleur inconnus dans les modèles présentés dans la section (1.2.2). Pour résoudre ces problèmes inverses, on associe à ces modèles des informations additionnelles qui sont connues sous formes de mesures thermiques $Tmea(x_m, y_m, t)$ localisées aux points (x_m, y_m, t).

En pratique, des incertitudes peuvent exister sur les données accessibles par l'expérimentateur, ce qui conduit à des systèmes algébriques mal conditionnés. La démarche générale de résolution du problème inverse va donc consister à trouver une quasi-solution stable. Elle est fréquemment basée sur des méthodes d'optimisations qui consiste à réduire au minimum un critère d'écart entre les températures $T(x_m, y_m, t)$ par le modèle direct et celles mesurées $Tmea(x_m, y_m, t)$.

Pour la formulation des PICC c'est souvent la norme euclidienne L_2 qui est utilisée. La fonction à minimiser appelée "fonction objectif", qui dépend du coefficient d'échange thermique $h(x, y, t)$, s'écrit sous la forme suivante :

$$J(h) = \int_0^{t_f} \int \sum_{m=1}^{N_c} [T(x_m, y_m, t, h) - Y(x_m, y_m, t, h)]^2 \, \delta(x - x_m)\delta(y - y_m) \, dt \, d\Omega \qquad (3.35)$$

où $\delta(.)$ est la fonction de Dirac.

3.5.1. Problèmes inverses bidimensionnels

Dans cette partie on propose d'appliquer la méthode de gradient conjugué pour estimer le coefficient d'échange de chaleur $h(x, y, t)$ sur les frontières des sections droites des tubes circulaires, elliptiques et carrés (les géométries les plus employées dans les échangeurs tubulaires), voir figure (3.3).

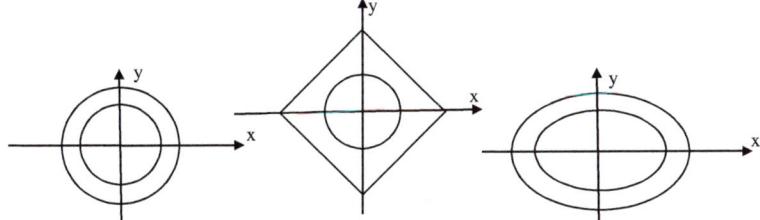

<u>**Figure 3.3 :**</u> *Géométries des sections droites des trois tubes étudiés:*
circulaire, carrée et elliptique.

L'équation gouvernant les problèmes directs bidimensionnels est donnée par (Eq. 1.25) et les conditions aux limites du problème à étudier sont :

$$\frac{\partial(\lambda(T)T)}{\partial x}n_x + \frac{\partial(\lambda(T)T)}{\partial y}n_y + h_{\text{int}}(T)(T_{f\,\text{int}} - T) = 0, \quad \text{sur} \quad \Gamma_1 \tag{3.36}$$

$$\frac{\partial(\lambda(T)T)}{\partial x}n_x + \frac{\partial(\lambda(T)T)}{\partial y}n_y = 0, \quad \text{sur} \quad \Gamma_2 \tag{3.37}$$

$$\frac{\partial(\lambda(T)T)}{\partial x}n_x + \frac{\partial(\lambda(T)T)}{\partial y}n_y + h(T)(T_f - T) = 0, \quad \text{sur} \quad \Gamma_3 \tag{3.38}$$

$$T = 0 \text{ dans } \Omega \text{ à } t = 0 \tag{3.39}$$

3.5.1.1. Problème de sensibilité

La résolution du problème de sensibilité est d'une grande nécessité pour le calcul de la profondeur de descente β^k. Les équations du problème de sensibilité peuvent être déduites en faisant la soustraction des deux systèmes d'équations du problème direct que vérifient d'une part $T(x, y, t) + \delta T$ et d'autre part $T(x, y, t)$. Dans ce paragraphe, nous construisons le problème de sensibilité dans le cas où $z(x, y, t)$ représente le coefficient d'échange thermique $h(x, y, t)$ inconnu dépendant de l'espace et du temps sur une frontière Γ_3 (figure 2.1).

La solution δT des équations correspondant à $\delta h(x, y, t)$ vérifie le système suivant :

$$\frac{\partial(\rho c(T)\delta T)}{\partial t} - \Delta(\lambda(T)\delta T) = 0, \quad \text{dans } \Omega; \ t \rangle 0 \tag{3.40}$$

$$\frac{\partial(\lambda(T)\delta T)}{\partial x} n_x + \frac{\partial(\lambda(T)\delta T)}{\partial y} n_y + (h_{\text{int}}(T) + \frac{\partial h_{\text{int}}(T)}{\partial T}(T_{f\,\text{int}} - T))\delta T = 0, \quad \text{sur } \Gamma_1 \tag{3.41}$$

$$\frac{\partial(\lambda(T)\delta T)}{\partial x} n_x + \frac{\partial(\lambda(T)\delta T)}{\partial y} n_y = 0, \quad \text{sur } \Gamma_2 \tag{3.42}$$

$$\frac{\partial(\lambda(T)\delta T)}{\partial x} n_x + \frac{\partial(\lambda(T)\delta T)}{\partial y} n_y + (h(T) + \frac{\partial h(T)}{\partial T}(T_f - T))\delta T = \frac{\delta h(T)}{\lambda}(T - T_f), \quad \text{sur } \Gamma_3 \tag{3.43}$$

$$\delta T = 0 \text{ dans } \Omega \text{ à } t = 0 \tag{3.44}$$

- Cas linéaire:

Si le problème est linéaire, nous pouvons écrire ces équations comme suit :

$$\frac{\rho c \partial(\delta T)}{\partial t} - \lambda \Delta(\delta T) = 0, \quad \text{dans } \Omega; \ t \rangle 0 \tag{3.45}$$

$$\frac{\partial(\delta T)}{\partial x} n_x + \frac{\partial(\delta T)}{\partial y} n_y + \frac{h_{\text{int}}}{\lambda}\delta T = 0, \quad \text{sur } \Gamma_1 \tag{3.46}$$

$$\frac{\partial(\delta T)}{\partial x} n_x + \frac{\partial(\delta T)}{\partial y} n_y = 0, \quad \text{sur } \Gamma_2 \tag{3.47}$$

$$\frac{\partial(\delta T)}{\partial x} n_x + \frac{\partial(\delta T)}{\partial y} n_y + \frac{h}{\lambda}\delta T = \frac{\delta h}{\lambda}(T - T_f), \quad \text{sur } \Gamma_3 \tag{3.48}$$

$$\delta T = 0 \text{ dans } \Omega \text{ à } t = 0$$
$$\tag{3.49}$$

- Cas non linéaire:

Pour écrire les équations (3.40)-(3.44) sous la même forme que celle du problème direct, on doit introduire ce changement de variables :

$$X = \lambda \delta T \tag{3.50}$$

avec ceci ces équations deviennent :

$$\frac{\rho c(T)\partial X}{\partial t} - \lambda(T)\Delta X + \lambda(T)\frac{\partial\left(\frac{\rho c(T)}{\lambda(T)}\right)}{\partial t} X = 0, \text{ dans } \Omega; \ t \succ 0 \tag{3.51}$$

$$\frac{\partial X}{\partial x} n_x + \frac{\partial X}{\partial y} n_y + \frac{1}{\lambda(T)}(h_{\text{int}}(T) + \frac{\partial h_{\text{int}}(T)}{\partial T}(T_{f\,\text{int}} - T))X = 0, \quad \text{sur } \Gamma_1 \tag{3.52}$$

$$\frac{\partial X}{\partial x} n_x + \frac{\partial X}{\partial y} n_y = 0, \quad \text{sur } \Gamma_2 \tag{3.53}$$

$$\frac{\partial X}{\partial x} n_x + \frac{\partial X}{\partial y} n_y + \frac{1}{\lambda(T)}(h(T) + \frac{\partial h(T)}{\partial T}(T_f - T))X = \delta h(T)(T - T_f), \quad \text{sur } \Gamma_3 \tag{3.54}$$

$X = 0$ dans Ω à $t = 0$ (3.55)

On peut écrire à l'itération n+1 la fonctionnelle J sous cette forme :

$$J[h^{(n+1)}] = \sum_{m=1}^{Nc} [T_m(h^{(n)} - \beta^{(n)} d^{(n)}) - Y_m]^2$$ (3.56)

En choisissant $d = dh$ et grâce à la linéarisation de $T(h^k - \beta^k d^k) = 0$ par le développement de Taylor, il vient :

$$J[h^{k+1}] = \sum_{m=1}^{Nc} [T_m(h^k) - \beta^k \delta T_m(d^k) - Y_m)]^2$$ (3.57)

La minimisation de la fonctionnelle (3.57) entraîne $\dfrac{dJ(h^k - \beta^k d^k)}{d\beta^k} = 0$, donc

l'expression de la profondeur de descente devient :

$$\beta^k = \frac{\displaystyle\int_0^{t_f} \sum_{m=1}^{N_c} \left[T(x_m, y_m, t; h^k) - Y_m \right] \delta T_m(d^k) \, dt}{\displaystyle\int_0^{t_f} \sum_{m=1}^{N_c} \left[\delta T_m(d^k) \right]^2 dt}$$ (3.58)

avec, $\delta T_m(d^k)$ désigne la perturbation de la température suite à une perturbation d^k

du coefficient d'échange thermique.

3.5.1.2. Problème adjoint

Le problème adjoint consiste à minimiser par la méthode des multiplicateurs de Lagrange la fonctionnelle sous les contraintes de type égalité du problème direct. Cette méthode consiste de rendre stationnaire une nouvelle fonctionnelle appelée fonction de Lagrange [55]. Le Lagrangien associé avec le problème à optimiser (3.35) sous les contraintes (1.25) est défini par :

$$L[T, h, \psi] = J(T, h) + \int_0^{t_f} \int_\Omega \psi \left[\frac{\rho c(T) \partial T}{\partial t} - \nabla \lambda(T) . \nabla T \right] dt d\Omega$$ (3.59)

où, $\psi(x, y, t)$ est le multiplicateur de Lagrange. Dans cette présentation, on suppose que L et T satisfont les contraintes (3.36-3.39).

Lorsque $T(h)$ est solution de l'équation (1.25), la variation δL qui résulte des perturbations de h et T par δh et δT respectivement peut s'écrire :

$$\delta L = \delta J[h(x,y,t)] = 2\int_0^{t_f}\int_\Omega \sum_{m=1}^{N_c}\left[T(x_m,y_m,t;h)-Y_m\right]\delta T(x,y,t)\delta_{xm}\delta_{ym}dtd\Omega +$$

$$\int_0^{t_f}\int_\Omega(\frac{\partial(\rho c(T)\delta T)}{\partial t}-\Delta(\lambda(T)\delta T)\psi dtd\Omega \qquad (3.60)$$

où, les fonctions de Dirac δ_{xm} et δ_{ym} sont données par :

$$\delta_{xm}=\delta(x-x_m)\,\text{et}\,\delta_{ym}=\delta(y-y_m) \qquad (3.61)$$

Le choix de la fonction de multiplicateur de Lagrange est fait d'une manière à satisfaire l'équation adjointe suivante :

$$\frac{\partial J}{\partial T}\delta T=0 \qquad (3.62)$$

Après intégration par parties du deuxième terme du membre gauche de l'équation (3.60), voir annexe, et en tenant compte des conditions aux limites du problème de sensibilité (Eqs. 3.41-3.44), nous appelons l'équation (3.62) pour obtenir les équations du problème adjoint suivantes :

- Cas non linéaire

$$\rho c(T)\frac{\partial\psi}{\partial t}+\lambda(T)\Delta\psi=2\sum_{m=1}^{N_c}\left[T(x_m,y_m,t;h)-Y_m\right]\delta_{xm}\delta_{ym}\,,\text{ dans }\Omega \qquad (3.63)$$

$$\frac{\partial\psi}{\partial x}n_x+\frac{\partial\psi}{\partial y}n_y-\frac{1}{\lambda(T)}(h(T)+\frac{dh}{dT}(T-T_f))=0,\text{ sur }\Gamma_1 \qquad (3.64)$$

$$\frac{\partial\psi}{\partial x}n_x+\frac{\partial\psi}{\partial y}n_y=0,\text{ sur }\Gamma_2 \qquad (3.65)$$

$$\frac{\partial\psi}{\partial x}n_x+\frac{\partial\psi}{\partial y}n_y-\frac{1}{\lambda(T)}(h(T)+\frac{dh}{dT}(T-T_f))=0,\text{ sur }\Gamma_3 \qquad (3.66)$$

$$\psi=0,\text{ dans }\Omega\text{ à }t=t_f \qquad (3.67)$$

- Cas linéaire

$$\rho c \frac{\partial \psi}{\partial t} + \lambda \Delta \psi = 2 \sum_{m=1}^{N_r} \left[T(x_m, y_m, t; h) - Y_m \right] \delta_{xm} \delta_{ym} , \qquad \text{dans } \Omega \qquad (3.68)$$

$$\frac{\partial \psi}{\partial x} n_x + \frac{\partial \psi}{\partial y} n_y + \frac{h_{\text{int}}}{\lambda} \psi = 0 , \text{ sur } \Gamma_1 \qquad (3.69)$$

$$\frac{\partial \psi}{\partial x} n_x + \frac{\partial \psi}{\partial y} n_y = 0 , \text{ sur } \Gamma_2 \qquad (3.70)$$

$$\frac{\partial \psi}{\partial x} n_x + \frac{\partial \psi}{\partial y} n_y + \frac{h}{\lambda} \psi = 0 , \text{ sur } \Gamma_3 \qquad (3.71)$$

$$\psi = 0 , \text{ dans } \Omega \text{ à } t = t_f \qquad (3.72)$$

On peut résoudre ce problème adjoint par la même méthode utilisée dans le problème direct. Cependant, il est de noter que pour résoudre les équations du problème adjoint avec la condition finale $t = t_f$ on doit faire un changement de variable $\tau = t - t_f$. Ainsi, avec cette transformation, le problème adjoint devient un problème initial.

La connaissance de ψ et T nous permet d'écrire la différentielle de la fonctionnelle J sous cette forme :

$$\delta J(h(x_\Gamma, y_\Gamma, t)) = \int_0^{t_f} \int_{\Gamma_3} -(T(x_\Gamma, y_\Gamma, t) - T_f) \psi(x_\Gamma, y_\Gamma, t) \delta h(x_\Gamma, y_\Gamma, t) dt d\Gamma \qquad (3.73)$$

où x_Γ, y_Γ sont les coordonnées des points situés sur le contour Γ_3.

or, par définition nous avons:

$$\delta J(h(x_\Gamma, y_\Gamma, t)) = \int_0^{t_f} \int_{\Gamma_3} J'(h(x, y, t)) \delta h(x, y, t) dt d\Gamma \qquad (3.74)$$

on peut déduire l'expression du gradient :

$$J'(h(x_\Gamma, y_\Gamma, t)) = -(T(x_\Gamma, y_\Gamma, t) - T_f) \psi(x_\Gamma, y_\Gamma, t) \qquad (3.75)$$

3.5.2. Problème inverse pour les configurations axisymétriques

Dans la présente partie de la thèse nous nous intéressons à la simulation inverse de la conduction de chaleur dans des conduites verticales (lisses ou avec des ailettes circulaires). Nous estimons le coefficient d'échange de chaleur sur leurs parois extérieures et/ou sur les surfaces des ailettes.

Les deux configurations géométriques que nous étudions sont présentées sur la figure (3.4).

La première configuration est un tube cylindrique vertical lisse de longueur l et de rayons intérieur et extérieur sont respectivement, Ri et Re. Cette configuration peut représenter dans la pratique la conduite du condenseur d'un réfrigérateur ou du tube d'un radiateur de chauffage. La deuxième configuration est un tube cylindrique mené d'ailettes circulaires de rayons extérieures R1 et d'épaisseurs e

Dans les deux cas, les deux tubes sont parcourus par des fluides chauds de températures T_i (par exemple, un fluide frigorigène dans le condenseur) et dont les parois extérieures et les surfaces des ailettes sont exposées à des fluides froids (air ambiant) de température T_f.

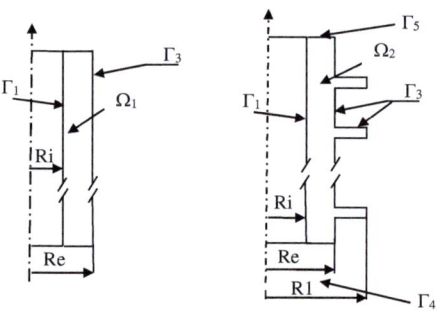

Figure 3.4 : *Géométries axisymétriques (tubes lisse et à ailette).*

L'analyse inverse du transfert de chaleur dans les domaines de calcul Ω_1 et Ω_2 est transitoire et axisymétrique. L'objectif est de déterminer le coefficient d'échange de chaleur sur les surfaces extérieures en connaissant quelques valeurs de températures mesurées dans Ω_1 ou Ω_2.

Pour étudier ces problèmes axisymétriques, on procède de la même façon du cas d'estimation du coefficient d'échange de chaleur aux frontières dans les problèmes bidimensionnel, le changement résidera dans les formes des équations des problèmes de sensibilité et d'adjoint.

Les équations gouvernantes le problème axisymétrique direct ont été données dans le paragraphe (2.2.2).

3.5.2.1. Problème de sensibilité

$$\rho C_p \frac{\partial(\delta T)}{\partial t} - \lambda \left(\frac{1}{r} \frac{\partial}{\partial r} \left(r \frac{\partial(\delta T)}{\partial r} \right) + \frac{\partial^2(\delta T)}{\partial z^2} \right) = 0 \; ; \quad t > 0 \; ; \; r \in (0, R) \; ; \; z \in (0, L) \tag{3.76}$$

$$\frac{\partial(\delta T)}{\partial r} n_r + \frac{\partial(\delta T)}{\partial z} n_z + \frac{h_{\text{int}}}{\lambda} \delta T = 0 \, , \quad \text{sur } \Gamma_1 \tag{3.77}$$

$$\frac{\partial(\delta T)}{\partial r} n_r + \frac{\partial(\delta T)}{\partial z} n_z + \frac{h}{\lambda} \delta T = \frac{\delta h}{\lambda} (T - T_f) \, , \text{ sur } \Gamma_2 \tag{3.78}$$

$\delta T = 0$ dans Ω à $t = 0$

Les valeurs de δT trouvées en résolvant ces systèmes d'équations nous permettent de calculer le pas de descente de l'itération n vers $n+1$.

$$\beta^k = \frac{\displaystyle\int_0^{t_f} \sum_{m=1}^{N_c} \left[T(x_m, z_m, t; h^k) - Y_m \right] r \delta T_m(d^k) \, dt}{\displaystyle\int_0^{t_f} \sum_{m=1}^{N_c} r \left[\delta T_m(d^k) \right]^2 dt} \tag{3.79}$$

3.5.2.2. Problème adjoint

Les équations du problème adjoint dans le cas linéaire sont déduites des équations de celui des problèmes bidimensionnels développées précédemment, voir paragraphe 3.5.1.2.

$$\rho C \frac{\partial \psi(r, z, t)}{\partial t} + \lambda \left(\frac{1}{r} \frac{\partial}{\partial r} \left(r \frac{\partial \psi}{\partial r} \right) + \frac{\partial^2 \psi}{\partial z^2} \right) = 2 \sum_{m=1}^{N_c} \left[T(r_m, z_m, t; h) - Y_m \right] \delta_{rm} \delta_{zm} \, ;$$

$t > 0$; dans Ω \hfill (3.80)

$$\frac{\partial \psi}{\partial x}n_r + \frac{\partial \psi}{\partial y}n_z + \frac{h_{int}}{\lambda}\psi = 0 \text{, sur } \Gamma_1 \tag{3.81}$$

$$\frac{\partial \psi}{\partial x}n_r + \frac{\partial \psi}{\partial y}n_z + \frac{h}{\lambda}\psi = 0 \text{, sur } \Gamma_2 \tag{3.82}$$

$$\psi = 0 \text{ dans } \Omega \text{ à } t = t_f \tag{3.83}$$

Le gradient $J^{'}$ est calculé à l'aide de l'expression :

$$J^{'}(h(r_\Gamma, z_\Gamma, t)) = -(T(r_\Gamma, z_\Gamma, t) - T_f)\psi(r_\Gamma, z_\Gamma, t) \tag{3.84}$$

La résolution des systèmes d'équations (3.76) - (3.78) ou (3.80) – (3.83) nécessite la connaissance des conditions aux limites Γ_4 et Γ_5.

3.5.3. Identification du coefficient d'échange sur les surfaces des ailettes circulaires

La deuxième direction de recherche dans les problèmes inverses d'identification en thermique est destinée à l'estimation de sources de chaleur et de coefficient de transfert thermique.

Dans cette étude, l'estimation de $h(x, y, t)$ sur les surfaces des ailettes circulaires dans des faisceaux de tubes ailettés en tenant compte de sa variation spatio-temporelles à partir de mesures de températures à l'intérieur du domaine Ω constitue l'originalité de cette thèse.

Dans le paragraphe 2.2.1.1, on a présenté l'équation du problème direct (Eq. 2.4) régissant la température en un point de l'ailette circulaire en régime transitoire. A partir des conditions aux limites (Eqs. 2.5-2.7) et initiale (Eq. 2.8), on détermine le champ de température à l'intérieur de l'ailette.

Dans ce paragraphe nous allons nous intéresser à la résolution du problème inverse d'estimation du coefficient $h(x, y, t)$ dans Ω en minimisant l'écart quadratique entre températures mesurées et températures calculées aux positions de capteurs.

$$J[h(x,y,t)] = \sum_{m=1}^{Nc} \int_0^{t_f} [\theta(x_m, y_m, t; h) - Y_m(t)]^2 dt \qquad (3.85)$$

L'algorithme du gradient conjugué choisi dans cette étude nécessite d'introduire la résolution d'un problème de sensibilité et d'un problème adjoint. Pour obtenir les équations du problème de sensibilité et du problème adjoint, on procède de la même manière que pour les deux problèmes étudiés dans les paragraphes (3.5.1) et (3.5.2).

3.5.3.1. Problème de sensibilité

- Cas linéaire

$$\frac{\rho c}{\lambda} \frac{\partial \theta}{\partial t} - \Delta(\delta\theta) + \frac{2h(x,y,t)(\delta\theta)}{\lambda e} + \frac{2\delta h(x,y,t)\theta}{\lambda e} = 0, \quad \text{dans } \Omega \,;\, t \succ 0 \qquad (3.86)$$

$$\delta\theta(x,y,t) = 0, \text{ sur } \Gamma_1 \text{ et sur } \Gamma_3 \qquad (3.87)$$

$$\frac{\delta(\delta\theta)}{\partial x} n_x + \frac{\partial(\delta\theta)}{\partial y} n_y = 0, \quad \text{sur } \Gamma_2 \qquad (3.88)$$

$$\delta\theta = 0 \text{ dans } \Omega \,;\, t = 0 \qquad (3.89)$$

- Cas non linéaire

En utilisant le changement de variable $X = \lambda\delta\theta$, nous pouvons écrire les équations du problème de sensibilité dans le cas non linéaire.

$$\frac{\rho c(T)}{\lambda(T)} \frac{\partial X}{\partial t} - \Delta X + \frac{\partial\left(\frac{\rho c(T)}{\lambda(T)}\right)}{\partial t} + \frac{2}{\lambda(T)e}(h(T) + \frac{\partial h}{\partial T}\theta)X + \frac{2\delta h(x,y,t)\theta}{\lambda(T)\,e} = 0$$

$$\text{dans } \Omega \,;\, t \succ 0 \qquad (3.90)$$

$$X = 0 \text{ sur } \Gamma_1 \text{ et sur } \Gamma_3 \,;\, t \succ 0 \qquad (3.91)$$

$$\frac{\partial X}{\partial x} n_x + \frac{\partial X}{\partial y} n_y = 0 \quad \text{sur } \Gamma_2 \,;\, t \succ 0 \qquad (3.92)$$

$$X = 0 \text{ dans } \Omega \,;\, t = 0 \qquad (3.93)$$

3.5.3.2. Problème adjoint

- Cas linéaire

$$\rho c \frac{\partial \psi}{\partial t} + \lambda \Delta \psi - \frac{2}{e} h \psi + 2 \int_0^{t_f} \sum_{m=1}^{N_c} [\theta(x_m, y_m, t; h) - Y_m] \delta_{xn} \delta_{yn} = 0 \quad \text{dans } \Omega; t > 0 \tag{3.94}$$

$\psi = 0$, sur Γ_1 et sur Γ_3 \hfill (3.95)

$$\frac{\partial \psi}{\partial x} n_x + \frac{\partial \psi}{\partial y} n_y = 0, \text{ sur } \Gamma_2 \tag{3.96}$$

$\psi = 0$ dans Ω ; $t = t_f$ \hfill (3.97)

- Cas non linéaire

$$\rho c \frac{\partial \psi}{\partial t} + \lambda(\theta) \Delta \psi - \frac{2}{e} (h + \frac{\partial h}{\partial \theta}) \psi + 2 \int_0^{t_f} \sum_{m=1}^{N_c} [\theta(x_m, y_m, t; h) - Y_m] \delta_{xn} \delta_{yn} = 0 \text{ dans } \Omega; t > 0 \tag{3.98}$$

$\psi = 0$, sur Γ_1 et sur Γ_3 \hfill (3.99)

$$\frac{\partial \psi}{\partial x} n_x + \frac{\partial \psi}{\partial y} n_y = 0, \text{ sur } \Gamma_2 \tag{3.100}$$

$\psi = 0$ dans Ω ; $t = t_f$ \hfill (3.101)

3.6. Algorithme général de résolution des problèmes inverses par la méthode de gradient conjugué

L'algorithme général du programme développé dans cette thèse est basé sur la formulation de Fletcher-Reeves. Nous décrivons ses principales étapes de calcul.

1 - Initialiser $h^{(0)}(x, y, t)$.

2 - Résoudre le problème direct par la méthode des éléments finis pour calculer le champ de température $T(x, y)$ dans Ω .

3 - Calculer la fonction cout $J(h)$.

4 - Résoudre le problème adjoint, pour calculer les multiplicateurs de Lagrange $\psi(x, y, t)$.

5 - Calculer le coefficient conjugué γ^k Eq. (3.31), la direction de descente d^k et $\delta h^k = d^k$.

6 – Résoudre le problème se sensitivité pour calculer δT.

7 - Calculer la profondeur de descente β^k.

8 - Examiner le critère d'arrêt Eq (3.8).

9 - Calculer le nouveau estimé $h^{k+1}(x, y, t)$ par l'équation (3.27).

10 - Considérer $h^{k+1}(x, y, t)$ comme une nouvelle estimation et retourner à l'étape 2.

Chapitre 4

Résultats et discussion

Dans le chapitre 2, nous avons traité trois problèmes directs de la conduction de chaleur : problèmes bidimensionnels, problèmes axisymétriques et la conduction de chaleur dans des ailettes circulaires. Nous avons ensuite, présenté d'une manière générale dans le chapitre 3 quelques méthodes de résolution des problèmes inverses et nous avons détaillé la méthode du gradient conjugué que nous avons employé dans notre analyse inverse pour estimer les coefficients d'échange de chaleur.

Pour calculer les fonctions objectifs, dans la majorité des problèmes traités dans cette thèse, nous simulons les températures mesurées avec des problèmes directs basés sur la méthode des éléments finis. Mais dans le cas de l'estimation d'un coefficient de transfert de chaleur sur les ailettes circulaires, nous utilisons les mesures de température qui ont été effectuées expérimentalement par la technique infrarouge [3].

Dans ce chapitre, en analysant l'influence des erreurs de mesures, du maillage et du nombre et des positions des capteurs sur la solution, nous allons présenter les résultats de l'estimation du coefficient de chaleur sur les tubes lisses et sur les ailettes circulaires.

4.1. Estimation du coefficient de transfert de chaleur sur les parois des tubes lisses

Dans ce problème, nous estimerons le coefficient d'échange de chaleur sur les parois intérieures et extérieures des tubes lisses. Les fonctions à estimer sont supposées dépendantes du temps et de l'espace. Les températures mesurées sont simulées numériquement à l'intérieur du domaine de calcul.

Les résultats de ce travail concernent plusieurs applications en faisant varier :

- La géométrie des sections droites des tubes (circulaire, elliptique, carrée).
- Les conditions aux limites.
- La taille du maillage.
- Les positions et le nombre des capteurs.
- Les erreurs prisent sur les mesures de températures.

4.1.1. Effet du maillage, des positions et du nombre de capteurs et du bruit de mesure sur la solution

Dans cette application nous présentons les résultats numériques du coefficient de transfert de chaleur sur la paroi extérieure d'une conduite circulaire dont la paroi intérieure est maintenue à un flux de chaleur constant $q = 500$ W/m^2. Les paramètres géométriques et physiques sont illustrés sur la figure 4.7(a).

Avant d'aborder l'analyse des effets des paramètres cités précédemment sur la solution, nous présentons les résultats de l'estimation du coefficient de transfert de chaleur qui varie dans l'espace et dans le temps sur la paroi extérieure du tube.

La relation qui donne la solution exacte est la suivante :

$$h(\varphi, t) = t.\sin(\varphi) \tag{4.1}$$

La figure 4.1 représente les résultats pour trois valeurs de temps : t=100 s, t=150 s et t=225s. On peut remarquer sur celle-ci un très bon accord entre les solutions exactes et estimées pour les trois instants.

4.1.1.1. Effet du maillage

Le choix du maillage peut avoir une influence sur la solution, c'est pour cette raison qu'on a testé notre algorithme sur quatre maillages (Nnd=78, Nnd=91, Nnd=104 et Nnd=117).

Sur la figure 4.2 qui présente l'effet des quatre maillages choisis sur la solution. Le coefficient estimé est de type échelon, nous pouvons constater l'indépendance entre la solution numérique et le maillage à partir de la taille de maillage (Nnd=117). Par conséquent, nous avons retenu ce maillage pour la suite de ce travail.

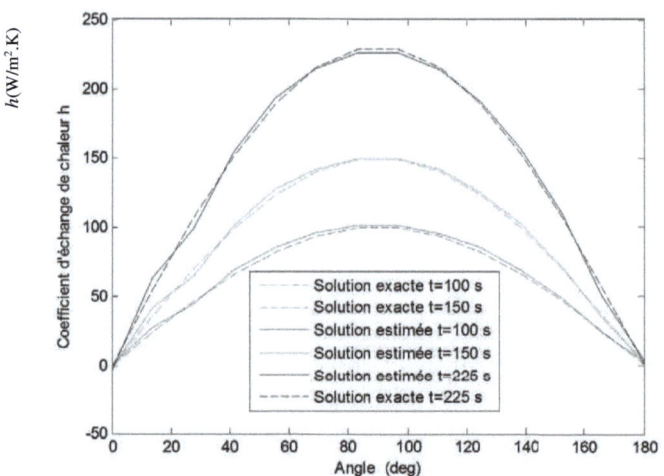

Figure 4.1 : *Estimation du coefficient d'échange thermique dépendant du temps et de l'espace sur la paroi extérieure d'un tube circulaire.*

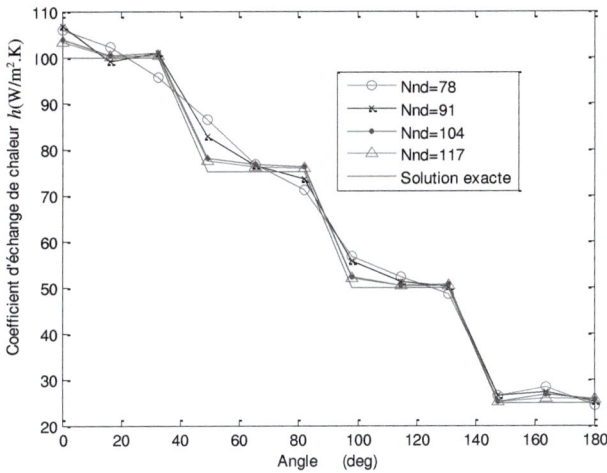

Figure 4.2 : *Influence du maillage sur l'estimation du coefficient d'échange de chaleur.*

4.1.1.2. Effet du nombre de capteurs

Le choix du nombre de capteurs peut influencer sur les résultats de l'estimation. En effet, une étude préalable de ce paramètre doit être menée. Pour trois valeurs du nombre de capteurs 4, 7 et 15, voir figure 4.3, nous présentons pour un coefficient d'échange de chaleur de type échelon une comparaison entre les résultats exacts et estimés.

La forme générale du coefficient d'échange de chaleur à estimer est représentée par l'expression suivante:

$$h(\varphi) = \begin{cases} 150\,(W/m^2 K); & \varphi \in [0, 60°] \\ 200\,(W/m^2 K); & \varphi \in [60, 120°] \\ 150\,(W/m^2 K); & \varphi \in [120, 180°] \end{cases}$$

Les résultats (figure 4.3) montrent un très bon accord pour un nombre de capteurs Nc=15 et que la résolution est d'autant mauvaise que le nombre de capteurs est petit.

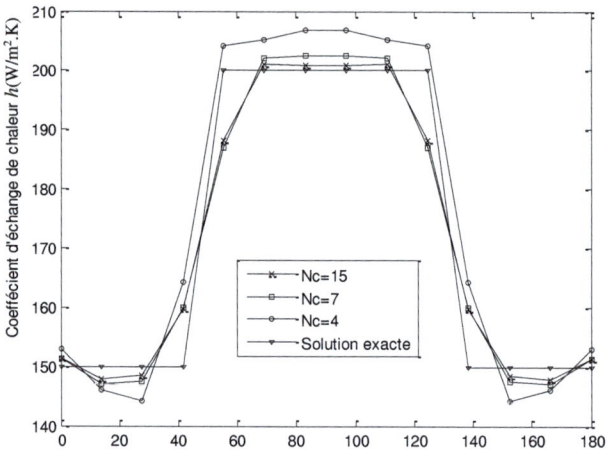

Figure 4.3 : *Coefficient d'échange de chaleur exact et estimés pour différents nombre de capteurs.*

4.1.1.3. Effet des positions des capteurs

Parmi les difficultés qu'on rencontre pour résoudre les problèmes inverses de conduction de chaleur, le choix des positions des capteurs. Pour analyser l'influence de ce paramètre sur la solution, les températures mesurées ont été simulées numériquement à l'intérieur du système en résolvant le problème direct.

Pour la présentation des résultats nous avons retenu trois positions : 15 capteurs ont été placés pour chaque test sur la demi circonférence de rayon r =14.7 mm, r =12 mm et r = 10.7 mm.

La figure 4.4 illustre l'influence de ce paramètre sur le résultat de l'estimation. On constate que les capteurs placés près de la condition aux limites à estimer apportent des bons résultats.

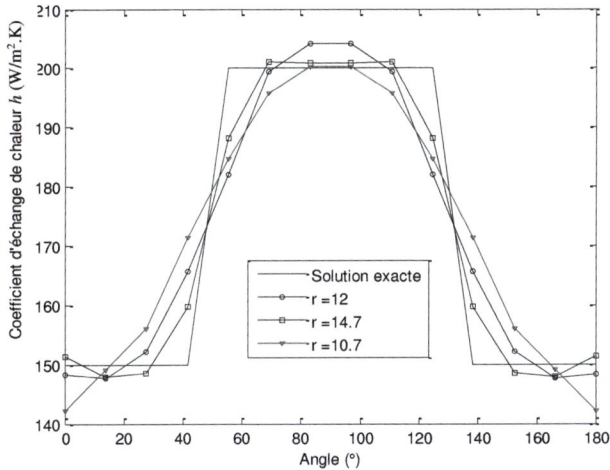

Figure 4.4 : *Estimation du coefficient d'échange de chaleur exact et estimés pour différentes positions des capteurs.*

4.1.1.4. Effet des erreurs de mesure

Le caractère imparfait des valeurs expérimentales des températures rend la résolution des PICC instable (petites perturbations sur les données en engendrent des grandes perturbations sur la solution simulée), d'où l'intérêt d'avoir recours aux techniques de régularisation. Afin d'étudier ce phénomène et de tester l'algorithme d'inversion développé dans cette thèse pour des mesures réelles, nous avons bruité les températures $T(x, y, t)$ avec un bruit blanc en ajoutant aux mesures exactes un bruit gaussien à moyenne nulle.

Dans un premier temps, nous estimons le coefficient d'échange de chaleur pour des mesures simulées exactes $\sigma = 0.0$. Pour chercher la solution, la méthode itérative du gradient conjugué nécessite de satisfaire un critère pour arrêter la procédure itérative. Dans le cas où les mesures ne contiennent pas d'erreurs, la procédure itérative s'arrête quand le critère suivant est respecté :

$$J(h^n) \leq \varepsilon \tag{4.2}$$

où ε est un petit nombre (généralement de l'ordre de 10^{-5}).

Dans un second temps, nous estimons le coefficient d'échange de chaleur pour des mesures bruitées. Les températures bruitées peuvent alors s'exprimer comme suit:

$$T_m = T_{m,\text{exacte}} + \omega \sigma \tag{4.3}$$

où $T_{m,\text{exacte}}$ est la solution du problème direct qui correspond à la valeur exacte du coefficient de transfert de chaleur; σ représente l'écart type des erreurs de mesure est supposé constant pour toutes les températures et ω symbolise la variable aléatoire générée par la fonction implicite (rand) du Fortran, tell que : $-2.576 \leq \omega \leq 2.576$ pour une probabilité de 99% environ.

En suivant les expériences des auteurs Alifanov, Artyukhin et Ozisik [69, 70], on utilise le principe d'arrêt régularisant appelé aussi critère de discrépance pour arrêter les itérations :

Soit σ_m l'estimation au point (x_m, y_m) de la déviation standard temporelle entre la valeur T_{mea_m} mesurée et la valeur exacte T_m :

$$\sigma = T_m - T_{mea_m} \tag{4.4}$$

En remplaçant l'équation (4.4) dans l'équation (3.35), on obtient l'expression de l'erreur totale sur l'ensemble des mesures :

$$J_s = \int_0^{t_f} \sum_{m=1}^{N_C} \sigma_m^2 \delta(x - x_m)\delta(y - y_m) d\Omega dt \tag{4.5}$$

Si σ_m est le même pour toutes les mesures, on peut alors écrire :

$$J_s = N_c N_t \sigma^2 \tag{4.6}$$

où N_c est le nombre de capteurs N_t le nombre de.

Le principe de la régularisation itérative, consiste à trouver l'itération pour laquelle l'erreur $J(h)$ entre les températures mesurées et recalculées avec le coefficient d'échange de chaleur estimé est inférieure à l'erreur J_s.

Sur la figure 4.5, on montre l'estimation de h pour trois valeurs de bruit de mesure $\sigma = 0.3°C$, $0.5°C$ et $\sigma = 0.65°C$; où le nombre de capteurs $N_c = 11$ utilisés pour l'estimation est positionnés sur la demi circonférence de rayon r =14.7 mm. On constate un bon accord pour les faibles valeurs de bruit de mesure et que l'erreur augmente au fur et à mesure que le bruit de mesure augmente.

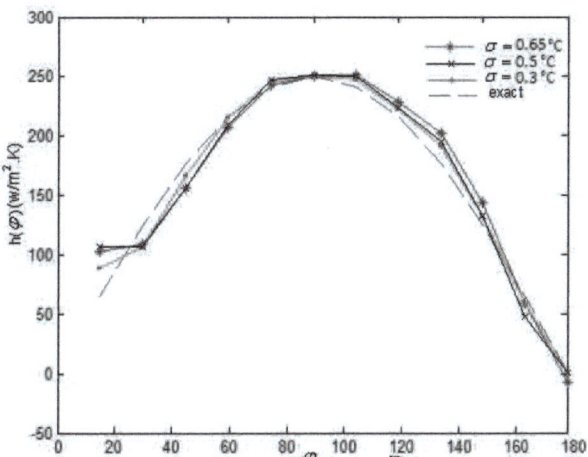

Figure 4.5 : *Influence des erreurs sur l'estimation du coefficient de transfert de chaleur sur la paroi extérieure d'un tube circulaire.*

Pour ces mêmes valeurs de σ, nous présentons, voir figure (4.6), l'évolution du critère $J(h)$ en fonction du nombre d'itérations. Les courbes montrent que le critère tend vers une valeur asymptotique J_s après une décroissance rapide. La meilleure solution est obtenue lorsqu'on s'approche du point optimum. Au de là de ce point, les instabilités prennent de l'ampleur. Il faut noter que la régularisation itérative consiste à trouver l'itération n_p pour laquelle la solution est plus stable.

On peut aussi constater sur l'ensemble des courbes de la figure 4.6 que les bruits influencent sur le nombre d'itérations :

- Pour le cas où $\sigma = 0.3°C$, 23 itérations ont été suffisantes pour trouver la meilleure solution.

- Pour le cas où $\sigma = 0.5°C$, 18 itérations ont été suffisantes pour trouver la meilleure solution.

- Pour le cas où $\sigma = 0.65°C$, 15 itérations ont été suffisantes pour trouver la meilleure solution.

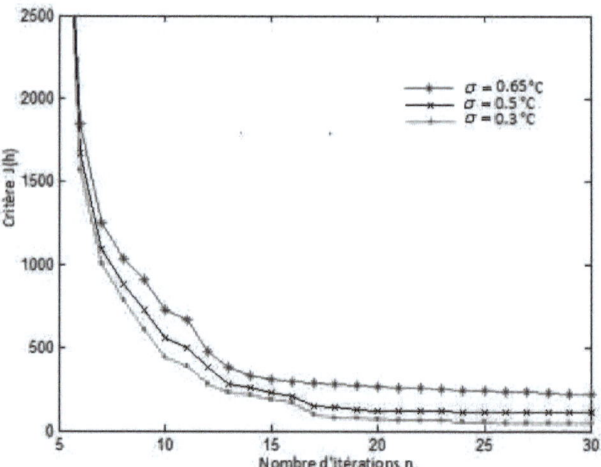

Figure 4.6 : *Evolution du critère résiduel au cours des itérations*

Nous pouvons trouver sur cette figure que les valeurs asymptotiques qui correspondent aux données bruitées $\sigma = 0.3°C$, $\sigma = 0.5°C$ et $\sigma = 0.65°C$, sont

100

respectivement, $J_s = 55.1$ $J_s = 148.4$ et $J_s = 256.5$ la relation (4.6) donne respectivement,

$J_{s\,\text{théorique}} = 49.5$, $J_{s\,\text{théorique}} = 137.5$ et $J_{s\,\text{théorique}} = 232.375$.

4.1.1.5. Effet de la configuration géométrique des tubes

Pour mieux apprécier les performances du code développé dans cette thèse et pour étudier l'influence de la configuration géométrique des tubes sur les résultats estimés, nous avons estimé le coefficient d'échange de chaleur sur les parois extérieures des trois tubes : tube circulaire, tube carré et tube elliptique.

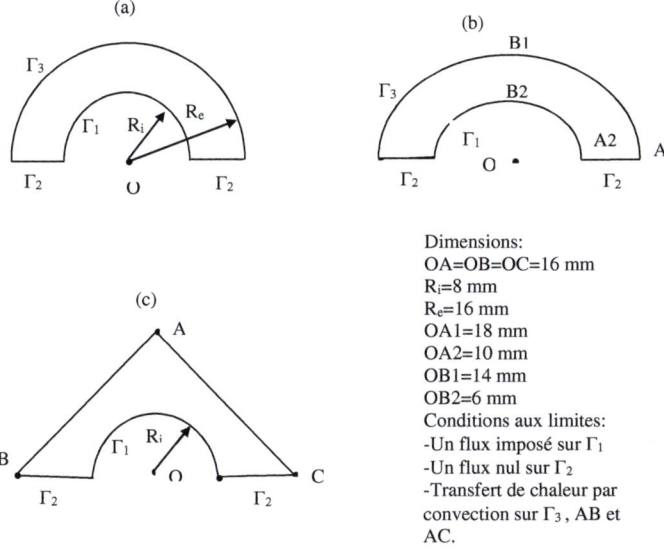

Dimensions:
OA=OB=OC=16 mm
R_i=8 mm
R_e=16 mm
OA1=18 mm
OA2=10 mm
OB1=14 mm
OB2=6 mm
Conditions aux limites:
-Un flux imposé sur Γ_1
-Un flux nul sur Γ_2
-Transfert de chaleur par convection sur Γ_3, AB et AC.

Figure 4.7 : *Configurations géométriques et physiques des trois sections droites des tubes : circulaire, elliptique et carrée.*

Les configurations géométriques des trois tubes avec les conditions aux limites sont données sur la figure 4.7. Pour faire les calculs numériques nous avons choisi les valeurs fixes suivantes :

- Les tubes sont parcourus par des fluides chauds : $h_{int} = 25\,(W/m^2)$ et $T_{f\,int} = 50\,(W/m^2)$.

- conductivité thermique: $\lambda = 0.35(W/mK)$

- chaleur volumique : $\rho c = 2.3\,10^6\,(J/m^3\,K)$

- température initiale : $T_0 = 20°C$

- température du milieu ambiant : $T_f = 20°C$

Pour ces valeurs choisies nous avons étudié des simulations avec un type de coefficient d'échange de chaleur triangulaire :

$$h(\varphi) = \begin{cases} 2\varphi; \varphi \in [0,90°] \\ 180; \varphi \in [90°,105°] \\ 390 - 2\varphi; \varphi \in [105°,180°] \end{cases}$$

Nous représentons sur les figures 4.8, 4.9 et 4.10 les isothermes calculées au temps t= 240 s à l'aide du modèle direct. Les mesures simulées numériquement sont uniformément distribuées sur les demi-circonférences de rayon 13.8 mm.

Pour distinguer les coefficients d'échange thermique estimés sur chaque paroi des trois tubes sur les figures 4.11, 4.12 et 4.13, on a utilisé la nomenclature suivante : Car (tube carré), Cir (tube circulaire) et Ell (tube elliptique) suivies de l'itération à laquelle on a estimé $h(\varphi,t)$.

Sur ces figures, nous montrons une comparaison de l'estimation des coefficients d'échange de chaleur sur les parois extérieures des trois tubes. On remarque que :

- Les résultats sont quasi semblables pour les tubes elliptique et circulaire.

- Ces résultats sont en bon accord avec la solution exacte.

- Une estimation défavorable du coefficient d'échange de chaleur sur les coins du tube carré.

- Les bons résultats sont obtenus à l'itération 58 pour les cas des tubes elliptique et circulaire tandis que les bons résultats sont obtenus à l'itération 79 pour le cas du tube carré.

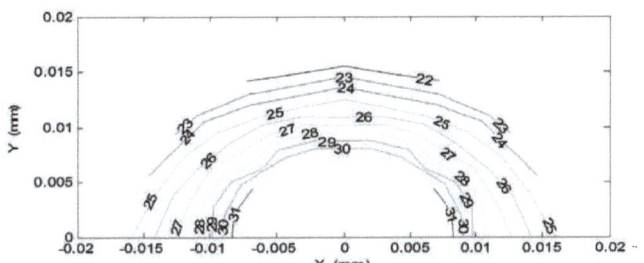

Figure 4.8 : *Les isothermes obtenues par DIRECT dans la section droite du tube circulaire au temps t=240 s.*

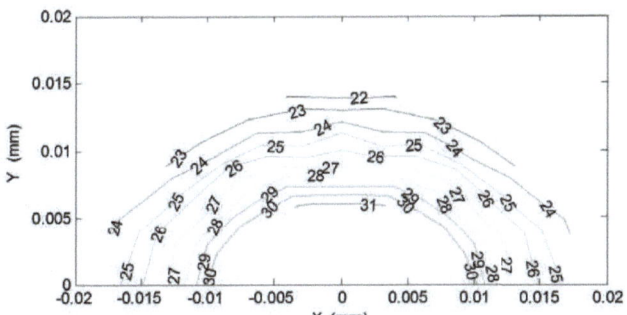

Figure 4.9 : *Les isothermes obtenues par DIRECT dans la section droite du tube elliptique à t= 240 s.*

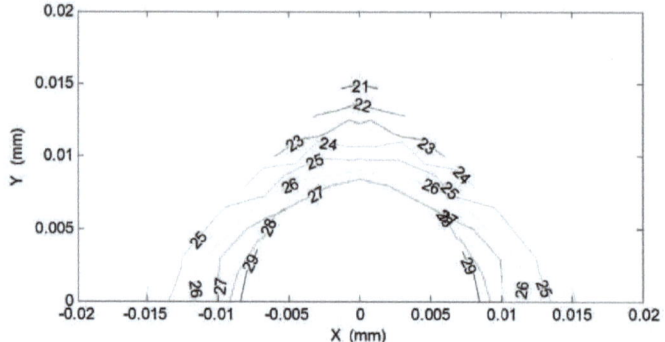

Figure 4.10 : *Les isothermes obtenues par DIRECT dans la section droite du tube carré à t= 240s.*

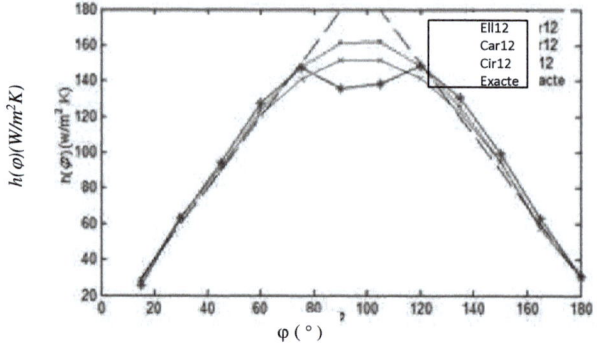

Figure 4.11 : *Coefficient d'échange de chaleur exact et estimés sur les parois extérieures des trois tubes : circulaire, elliptique et carré, à l'itération n=58.*

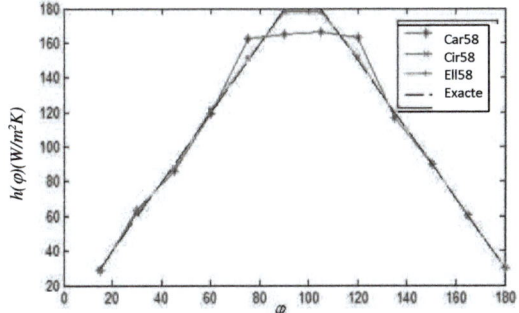

Figure 4.12 : *Coefficient d'échange de chaleur exact et estimés sur les parois extérieures des trois tubes : circulaire, elliptique et carré, à l'itération n=58.*

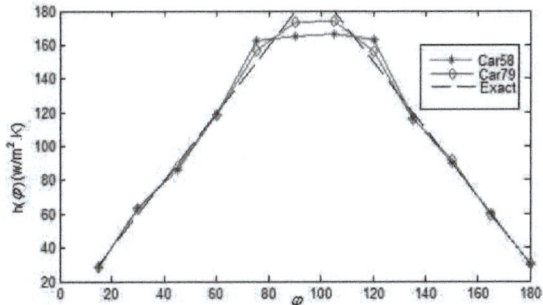

Figure 4.13 : *Coefficient d'échange de chaleur exact et estimés sur les parois extérieures du tube carré aux itérations n=58 et n=79.*

4.2. Estimation du coefficient de transfert de chaleur sur les ailettes circulaires

Dans cette partie du travail, nous présentons des résultats numériques du coefficient de transfert de chaleur local et moyen sur des ailettes circulaires. Nous traitons les deux régimes des problèmes inverses : stationnaire et transitoire.

4.2.1. Estimation du coefficient de transfert de chaleur sur une ailette circulaire située dans des faisceaux de tubes ailetés.

Cette partie est consacrée, en se basant sur des mesures expérimentales, à une étude de l'estimation du coefficient de transfert de chaleur local par convection forcée sur une ailette située dans un faisceau de tubes à ailettes en arrangement aligné et en arrangement quinconcé. L'étude couvre une gamme étendue du nombre de Reynolds pour trois différentes positions du tube dans l'échangeur. La distribution de température sur l'ailette est obtenue par une approche expérimentale utilisant la technique de la thermographie infrarouge. Les calculs du coefficient d'échange de chaleur local dans cette étude sont basés sur la combinaison de la méthode des éléments finis et l'algorithme du gradient conjugué.

- Expérimentation

Les configurations géométriques étudiées sont représentées sur la figure 4.14. Il s'agit des faisceaux de tubes arrangés en lignes ou en quinconce placé dans une veine d'essai. Un tube spécial (figure 4.15), chauffé par une circulation d'eau thermostatée, est introduit dans un faisceau de neuf rangs. Trois positions sont possibles pour ce tube (entrée, milieu et sortie du faisceau).

L'ailette sur laquelle on effectue les mesures est positionnée au centre de l'écoulement pour éliminer les effets du bord. Afin de permettre la visée de la surface de l'ailette par la camera infrarouge. Celle-ci est précédée par deux ailettes fictives de mêmes dimensions réalisées en CaF2 (matériau transparent au rayonnement infrarouge). Un hublot également vient de fermer la veine d'essais. On peut trouver la description complète de l'expérience dans les références [3, 31].

Les essais ont été faits pour neufs nombre de Reynolds (2.10^3 – 3.10^4) ce qui correspond aux vitesses de l'air (1.3 m/s ~ 18.4 m/s), cela pour trois positions de tubes spéciaux et pour deux géométries des faisceaux de tubes [54 essais].

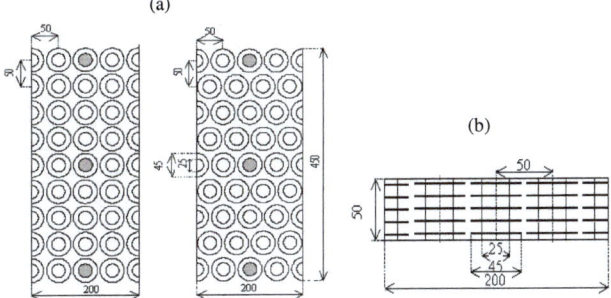

Figure 4.14 : *(a) Faisceaux de tubes arrangés en ligne et en quiconce; (b) Section de passage.*

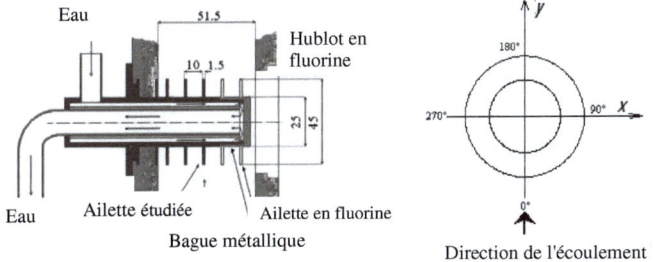

Figure 4.15 : *Le tube spécial et les coordonnées polaires.*

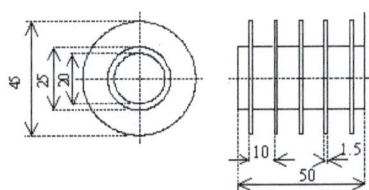

Figure 4.16 : *Le tube ailetté et l'ailette étudiée.*

107

4.2.1.1. Résolution du problème direct

L'ailette concernée par notre étude est la même utilisée par [31] pour ses différents cas expérimentaux. Ses dimensions et sa conductivité thermique sont les suivantes :

- rayon intérieur $R_0 = 12.5$ mm,
- rayon extérieur $R_2 = 22.5$ mm,
- épaisseur $e = 1.5$mm,
- conductivité thermique $\lambda = 15(\text{W}/(\text{m K}))$.

Les surfaces de l'ailette sont exposées à un écoulement d'air ambiant de température T_f. Le coefficient d'échange $h(x, y)$ autour de l'ailette est considéré variable.

La plupart des études qui ont traité ce thème considèrent la température T_0 à la base de l'ailette constante. Cependant, celle-ci varie autour du tube. Dans ce travail, le mode expérimental utilisé (technique de thermographie) nous a permis d'obtenir une température de base de l'ailette $T_0(x, y)$ variable.

Le schéma illustrant la géométrie de l'ailette étudiée ainsi que les conditions aux limites est montré sur la figure 2.1. Avec la technique de thermographie infrarouge utilisée [3], on a pu mesurer les températures sur les bordures intérieure Γ_1 et extérieure Γ_3 de l'ailette, ce qui nous a permis de les imposer comme conditions aux limites.

Le modèle mathématique qui est basé sur l'équation du bilan thermique peut s'écrire, donc:

$$\frac{\partial^2 \theta}{\partial x^2} + \frac{\partial^2 \theta}{\partial y^2} - 2\frac{h(x, y)}{\lambda e}\theta = 0 \quad \text{sur} \quad \Omega \tag{4.7}$$

où, $\theta(x, y)$ est la température adimensionnelle tel que: $\theta(x, y) = \dfrac{T(x, y) - T_f}{T_w - T_f}$ et T_w est la température de l'eau.

Le coefficient d'échange local $h(x, y)$ est connu sur le domaine Ω dans les problèmes directs alors que les problèmes inverses visent à déterminer celui-ci à partir des températures mesurées à l'intérieur ou sur les frontières de Ω.

Nous avons résolu le problème direct numériquement par la méthode des éléments finis. Le maillage effectué est triangulaire à interpolation linéaire. Il est constitué de 171 nœuds et 288 éléments. Cette résolution fournit le champ de températures de chaque itération.

4.2.1.2. Résolution du problème inverse

Le problème inverse consiste à estimer le coefficient d'échange $h(x, y)$ sur Ω en minimisant l'écart quadratique entre les températures calculées dans le problème direct et celles mesurées par la camera infrarouge. Ceci conduit au problème de minimisation de la fonctionnelle suivante :

$$J[h(x, y)] = \sum_{m=1}^{N_c} [T(x_m, y_m; h) - Tmea_m]^2 \qquad (4.8)$$

or $$J[h(x, y)] = \sum_{m=1}^{N_c} [\theta(x_m, y_m; h) - Y_m]^2 \qquad (4.9)$$

où ; $Y(x_m, y_m)$ représentent les températures mesurées par N_c capteurs dans les positions (x_m, y_m), tel que :

$$Y_m = \frac{Tmea_m - T_f}{T_w - T_f} \qquad (4.10)$$

et $\theta(x_m, y_m; h)$ représentent les températures calculées par la méthode directe.

Par un processus itératif, en utilisant la méthode du gradient conjugué, on estime le coefficient d'échange $h(x, y)$:

$$h^{(k+1)}(x, y) = h^{(k)}(x, y) - \beta^{(k)} d^{(k)}(x, y), \qquad n = 0; 1; 2.... \qquad (4.11)$$

où ; $\beta^{(k)}$ et $d^{(k)}$ sont respectivement la profondeur de descente et la direction de descente à l'itération k.

L'approche Lagrangienne qui permet de déterminer le gradient $J'(h(x,y))$ et $\beta^{(k)}$ en résolvant le problème adjoint et le problème de sensibilité est détaillée dans l'annexe A.

4.2.1.3. Régularisation itérative

Pour obtenir une solution stable de la méthode du gradient conjugué, on utilise la régularisation itérative [68, 69] qui consiste à arrêter le processus itératif à l'itération n_p lorsque le critère suivant est satisfait.

$$J(h^{(n_p)}) \leq J_s; \qquad J_s = \sum_{m=1}^{N_c} \sigma_m^2 \tag{4.12}$$

où, σ et n_p son respectivement le bruit de mesure et le paramètre de régularisation itératif.

On a obtenu, pour un nombre de capteur $N_p = 19$ et pour un bruit $\sigma = 0.1$, le critère seuil $J_s = 0.19$. La courbe de minimisation du critère présentée sur la figure 4.17 atteint la ce seuil à l'itération $N_p = 19$.

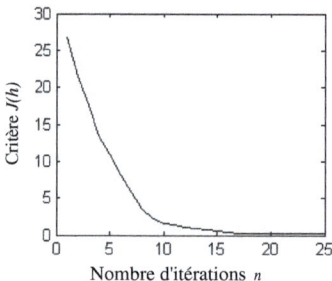

Figure 4.17 : *Evolution du critère J(h) au cours des itérations n .*

4.2.1.4. Caractéristiques du transfert de chaleur

L'objectif de ce travail est d'étudier le transfert de chaleur autour de l'ailette circulaire plane, pour cela on a calculé le coefficient d'échange moyen $\overline{h}_{10}$ sur chaque tranche de $10°$, $\overline{h_{60}}$ sur chaque tranche de $60°$ et $\overline{h_{360}}$ sur toute l'ailette, voir figure 4.18.

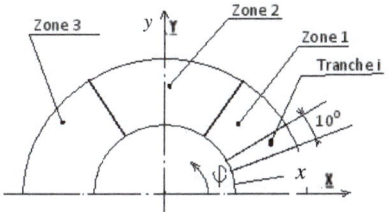

Figure 4.18 : *Schéma de l'ailette circulaire avec ces différentes zones.*

Le coefficient d'échange moyen sur une tranche triangulaire de surface A_φ est donné par :

$$\overline{h_\varphi} = \sum_{i=1}^{N} \frac{\overline{h_i} A_i}{A_\varphi} \tag{4.13}$$

où, $\overline{h_i}$ et A_i sont respectivement le coefficient d'échange thermique et la surface de l'élément fini résultant du maillage triangulaire choisit dans cette étude. N est le nombre des éléments dans cette tranche.

Le flux de chaleur total dissipé par l'ailette est donné par :

$$Q = 4\sum_{i=1}^{Nel} \overline{h_i} \int_A (T - T_f) dA \tag{4.14}$$

L'efficacité de l'ailette est définie par :

$$\eta = \frac{2\sum_{i=1}^{Nel} \overline{h_i} \int_A (T - T_f) dA}{\overline{h_{360}} A_{360}(T_{0moy} - T_f)} \tag{4.15}$$

avec T_{0moy} est la température moyenne de la base de l'ailette.

4.2.1.5. Validation numérique

Pour examiner l'effet du maillage sur la solution, quatre maillages ont été considérés :

a) Nnd =91 nœuds et Nel =12 x 12 éléments

b) Nnd =128 nœuds et Nel =15 x 14 éléments

c) Nnd =171 nœuds et Nel =18 x 16 éléments

d) Nnd =210 nœuds et Nel =20 x 18 éléments

Le code est validé sur un exemple test défini par :

$$\overline{h_\varphi} = 75(1.3 + \sin(30 - \varphi))$$ (4.16)

Le choix de cette fonction est fait en se basant sur les variations des coefficients de transfert de chaleur qu'on a estimé à partir des conditions expérimentale. Après l'étude de l'indépendance entre la solution numérique et le maillage, voir figure 4.19, le maillage (Nnode = 171 et Nsec=18) a été choisi pour tous les calculs.

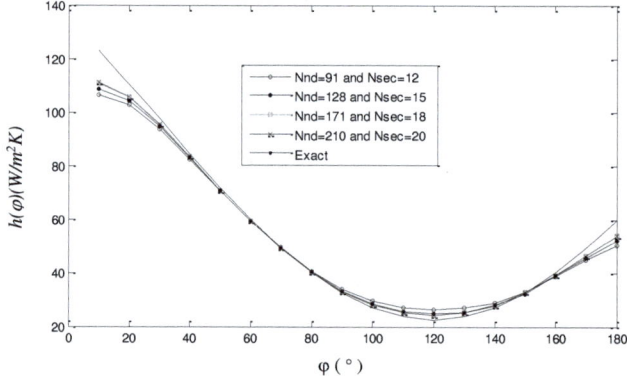

Figure 4.19 : *Influence du maillage sur la solution.*

Pour mieux apprécier les performances et les limites du code numérique développé en FORTRAN et qui a été mis en œuvre sur la base de la méthode inverse (combinaison de la méthode du graduent conjugué avec la méthode des éléments finis), dans un premier temps, nous avons confronté nos résultats avec ceux de Chen et al [42]. Les valeurs concernant le coefficient de transfert de chaleur par convection, le flux de chaleur et l'efficacité de l'ailette sont rapportées dans le tableau 4.1. On constate une légère différence entre ces résultats.

	V=1m/s; S=0.01m			V=3m/s; S=0.015m			V=5m/s; S>>		
	$\overline{h}_{360}$	Q	η	$\overline{h}_{360}$	Q	η	$\overline{h}_{360}$	Q	η
Résultats numériques	27.87	4.80	.39	62.65	7.49	.27	90.11	9.82	.24
Chen et al [42]	27.5	4.44	.37	61.13	7.33	.27	89.39	9.63	.24

Tableau 4.1 : *Comparaison entre les résultats numériques et ceux de Chen et al. [42];* $\overline{h}_{\phi}(W / m^2 K)$ *et* $Q(W)$.

Dans un deuxième temps, la validation a consisté à établir une comparaison entre les coefficients d'échange de chaleur exacts donnés par la relation (4.16) et qu'on a estimés en résolvant le problème inverse pour les deux cas :
- sans bruit,
- avec bruits gaussien en considérant les écarts type $\sigma = 0.1°C$, $\sigma = 0.5°C$ et $\sigma = 1.°C$.

L'erreur moyenne de l'estimation du coefficient de transfert de chaleur est donnée par la relation suivante :

$$\varepsilon = \frac{1}{N \sec} \sum_{i=1}^{N \sec} \left| \frac{\overline{h}_{\phi exact}^{i} - \overline{h}_{\phi cal}^{i}}{\overline{h}_{\phi cal}^{i}} \right| .100\% \tag{4.17}$$

où N_{sec} est le nombre de tranche dans Ω. Alors que $\overline{h}_{\phi exact}^{i}$ peut être obtenu par la relation (4.13) et $\overline{h}_{\phi cal}^{i}$ représente le coefficient de transfert de chaleur estimé.
Les valeurs des erreurs calculées pour les différentes valeurs de σ sont : $\varepsilon = 0.78\%$, $\varepsilon = 1.7\%$, $\varepsilon = 3.95\%$ et $\varepsilon = 4.82\%$ pour respectivement $\sigma = 0°C$, $\sigma = 0.1°C$, $\sigma = 0.5°C$ et $\sigma = 1°C$.

Les coefficients de transfert de chaleur estimés pour $\sigma = 0°C$, $\sigma = 0.5°C$ et $\sigma = 1°C$ sont présentés sur la figure 4.20.

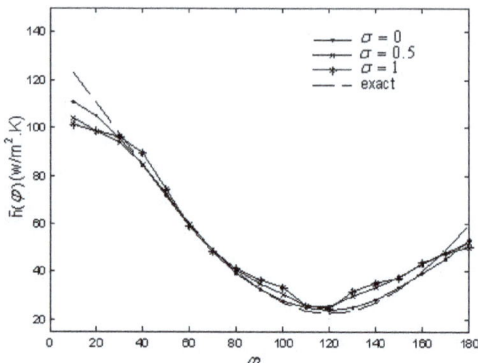

Figure 4.20 : *Effet des erreurs de mesures sur la solution.*

4.2.1.6. Discussion des résultats

Les essais réalisés sont repérés par l'utilisation de la nomenclature suivante : Q (faisceau quinconcé), L(aligné), B(bas), C(centré) et H(haut). A titre d'exemple, le thermographe QC20000 correspond à un faisceau quincocé à la position centrale de tube spécial dans le faisceau et à un nombre de Reynolds coté air égal à 20000.

Les figures 4.21 et 4.22 montrent les températures mesurées sur les deux frontières de l'ailette qui sont utilisées comme conditions aux limites dans le problème direct pour LB14036 et QC28081 respectivement. Nous avons aussi représenté sur ces figures les 19 températures mesurées à la circonférence r=17.5 mm, qui sont utilisées comme données dans le problème inverse.

Une fois établie la fiabilité du code, nous présentons une série de résultats qui illustrent les effets de nombre de Reynolds, des positions du tube ailetté dans le faisceau et des géométries en ligne et en quinconce sur le coefficient d'échange de chaleur local, sur l'efficacité de l'ailette et sur le flux de chaleur.

114

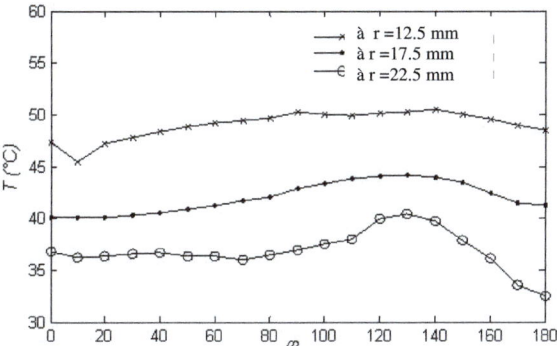

Figure 4.21 : *Températures mesurées sur les surfaces de l'ailette; aux circonférences de rayons r= 12.5 mm, r = 17.5 mm et r = 22.5 mm, pour le tube ailetté LB14036.*

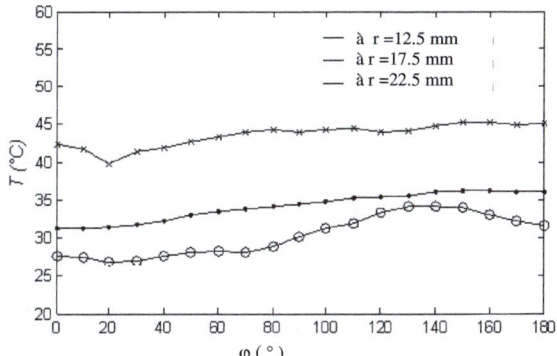

Figure 4.22 : *Températures mesurées sur les surfaces de l'ailette; aux circonférences de rayons r= 12.5 mm, r = 17.5 mm et r = 22.5 mm, pour le tube ailetté QC28213.*

Les résultats de cette étude sont obtenus par un programme écrit en FORTRAN qui a abouti à une solution stable à partir de l'itération n_p =18, les instabilités n'ont pas lieu, car le bruit de mesures n'est pas important (la précision de nos mesures est de 0.1°C).

Le transfert thermique sur les surfaces de l'ailette est lié à la configuration de l'écoulement autour d'elle [23,35]. La distribution du coefficient de transfert de

115

chaleur $h(x, y)$ pour LB20574 dans le domaine Ω est représentée sur la figure 4.23. On constate que les variations du coefficient de transfert de chaleur autour de l'ailette sont importantes :

1) Augmentation de $h(x, y)$ dans la partie correspondant à la section de passage minimale ($\varphi = 90°$) et dans la partie arrière de l'ailette due à un écoulement inverse important [23].

2) Réduction du coefficient de transfert de chaleur dans la zone de sillage ($110° \le \varphi \le 160°$).

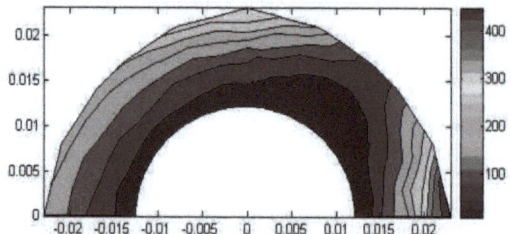

Figure 4.23 : *Distribution du coefficient de transfert de chaleur local $h(x, y)$ sur la surface de l'ailette, pour le tube ailetté LB20574.*

Les figures 4.24 et 4.25 rendent compte des variations importantes du coefficient d'échange local autour de l'ailette, ces résultats sont en accord avec [35]. $\overline{h_\varphi}$ est élevé sur la partie amont de l'ailette. Néanmoins, Le sillage à l'arrière de celle-ci sanctionne le transfert de chaleur. On peut noter par ailleurs l'augmentation du coefficient de transfert thermique à partir de l'azimut $\varphi \in [130° - 150°]$ due à l'impaction de l'écoulement secondaire à l'arrière de l'ailette.

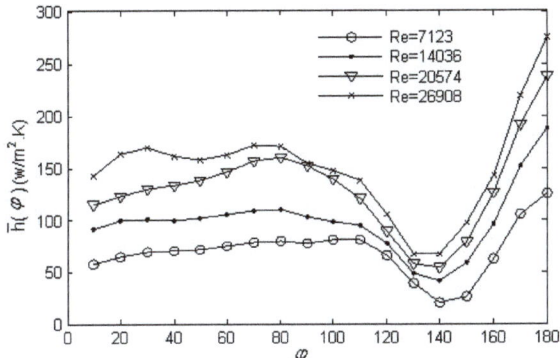

Figure 4.24 : *Variation du coefficient de transfert de chaleur sur la surface de l'ailette de la première rangée du faisceau en ligne, pour différents nombre de Reynolds.*

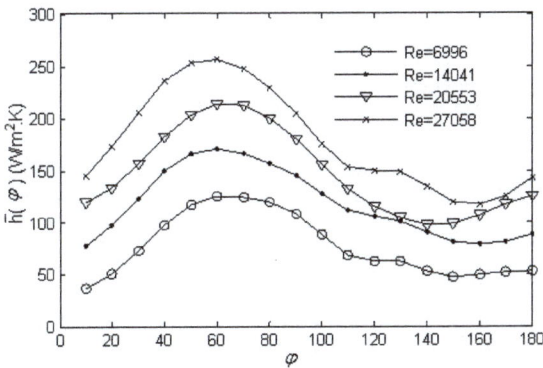

Figure 4.25 : *Variation du coefficient de transfert de chaleur sur la surface de l'ailette de la cinqième rangée du faisceau en ligne, pour différents nombre de Reynolds.*

117

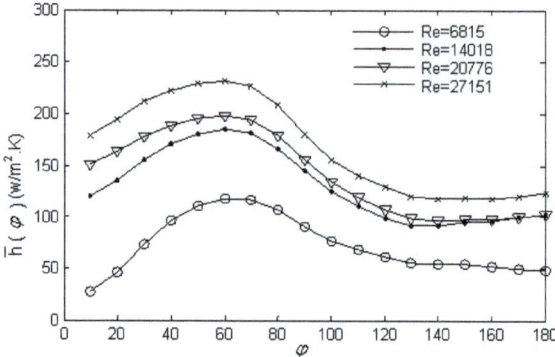

Figure 4.26 : *Variation du coefficient de transfert de chaleur sur la surface de l'ailette de la neuvième rangée du faisceau en ligne, pour différents nombre de Reynolds.*

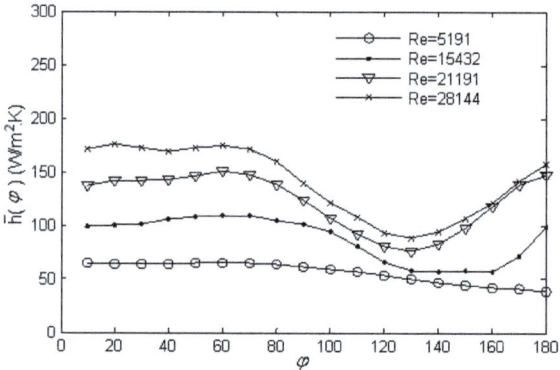

Figure 4.27 : *Variation du coefficient de transfert de chaleur sur la surface de l'ailette de la première rangée du faisceau en quinconce, pour différents nombre de Reynolds.*

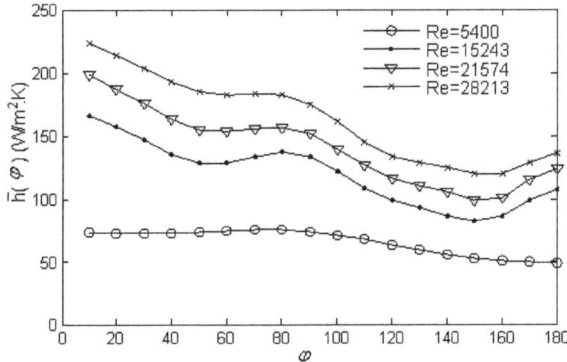

Figure 4.28 : *Variation du coefficient de transfert de chaleur sur la surface de l'ailette de la cinquième rangée du faisceau en quinconce, pour différents nombre de Reynolds.*

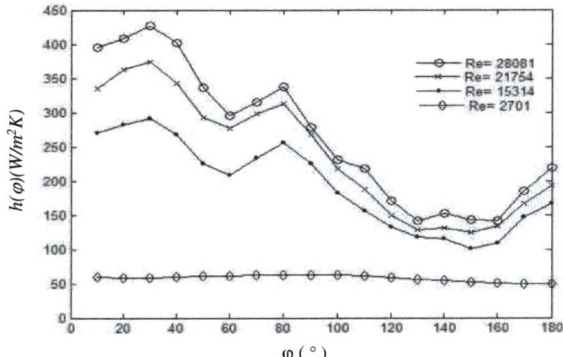

Figure 4.29 : *Variation du coefficient de transfert de chaleur sur la surface de l'ailette de la neuvième rangée du faisceau en quinconce, pour différents nombre de Reynolds.*

4.2.1.6.1. Influence du nombre de Reynolds

Les figures (4.24 - 4.29) traduisent l'augmentation du $\overline{h_\varphi}$ en fonction de l'augmentation du nombre de Reynolds. Les résultats illustrés sur les tableaux 4.2, 4.3 et 4.4 montrent que le flux de chaleur Q dissipé par les ailettes augmente alors que leurs efficacités η diminuent avec l'augmentation du nombre de Reynolds.

Ces tableaux montrent que, pour les ailettes de la $5^{\text{éme}}$ rangée du faisceau en ligne lorsque Re $\leq$ 14000, le coefficient d'échange $\overline{h_2}$ sur la zone 2 de l'ailette, voir figure 4.18, est plus grand que $\overline{h_1}$ sur la zone 1. Cela peut s'expliquer par la réduction de la section de passage dans la zone 2, où la vitesse de l'air est très élevée. Alors que $\overline{h_2}$ est inférieur à $\overline{h_1}$ pour Re $\geq$ 14000 puisque l'écoulement principal dans la section de passage entre les tubes est perturbé pour les nombre de Reynolds élevés [54].

	R_e	$T_{0moy} - T_f$	$\overline{h_{360}}$	$\overline{h_1}$	$\overline{h_2}$	$\overline{h_3}$	Q	η
LB	7123	27.27	69.36	68.20	77.12	62.76	3.14	.756
LC	6996	29.74	76.92	83.24	94.80	52.72	3.81	.758
LH	6815	28.13	72.61	78.63	86.81	52.40	3.33	.743
QB	5191	26.76	56.32	64.65	60.13	44.19	2.62	.792
QC	5400	29.23	65.83	73.57	71.14	52.78	3.24	.767
QH	2071	28.08	57.93	59.99	61.65	52.15	2.83	.793

Tableau 4.2 : *Caractéristiques du transfert de chaleur sur la surface de l'ailette dans des différentes rangées, pour Re = (2071-7123).*

	R_e	$T_{0moy} - T_f$	$\overline{h_{360}}$	$\overline{h_1}$	$\overline{h_2}$	$\overline{h_3}$	Q	η
LB	20583	24.82	130.38	130.87	136.06	124.2	4.39	.618
LC	20553	27.08	147.23	167.75	165.66	108.28	5.26	.601
LH	20812	25.06	141.93	178.86	147.78	99.13	4.76	.609
QB	21196	28.00	123.11	143.81	115.15	110.37	4.82	.636
QC	21572	25.23	140.57	172.19	140.75	108.77	4.75	.61
QH	21745	20.96	238.53	330.45	239.04	146.10	5.43	.495

Tableau 4.3 : *Caractéristiques du transfert de chaleur sur la surface de l'ailette dans des différentes rangées, pour Re = (20580-21800).*

	R_e	$T_{0moy} - T_f$	$\overline{h_{360}}$	$\overline{h_1}$	$\overline{h_2}$	$\overline{h_3}$	Q	η
LB	26950	23.75	150.55	159.30	147.75	144.59	4.59	.585
LC	27070	25.83	178.43	211.03	193.24	131.04	5.67	.560
LH	27203	23.81	168.08	211.11	176.36	119.77	5.05	.573
QB	28144	23.20	141.45	172.9	132.54	118.92	4.05	.562
QC	28213	24.24	163.06	200.04	162.87	126.28	4.91	.566
QH	28081	20.21	266.51	377.54	258.26	163.71	5.54	.468

Tableau 4.4 : *Caractéristiques du transfert de chaleur sur la surface de l'ailette dans des différentes rangées, pour Re = (26580-21800).*

4.2.1.6.2. Influence de la géométrie du faisceau

Le transfert thermique dans les zones amonts des ailettes de la première rangée pour les deux faisceaux de tubes est le même, voir les figures 4.24 et 4.27, les conditions d'entrée étant les mêmes et l'écoulement n'étant pas encore perturbé.

Les variations locales du transfert thermique sont liées aux particularités de l'écoulement sur la face amont de l'ailette [23]. En effet, les parties frontales des ailettes qui se trouvent à l'intérieur du faisceau arrangé en ligne sont cachées par les ailettes qui les précèdent. Par conséquent, les allures du coefficient d'échange dans les parties frontales pour les deux géométries de faisceaux sont différentes, voir figures 4.25, 4.26, 4.28 et 4.29.

Nous constatons dans l'arrangement en ligne, une augmentation de $\overline{h_\varphi}$ à la partie frontale de l'ailette puis atteint un maximum à $\varphi = 60°$ correspondant au point d'impact et diminue progressivement jusqu'à atteindre une valeur minimale au point de décollement de la couche limite qui se fait approximativement à $\varphi \in [130°\text{-}150°]$. Ces résultats sont en parfait agrément avec ceux Tutar and Akkoca [35].

Dans le cas de l'arrangement en quinconce, le coefficient d'échange local $\overline{h_\varphi}$ est maximal à $\varphi = 0°$, puis diminue jusqu'au premier minimum à $\varphi = 50°$ (pour la cinquième rangée, voir figure 4.28) et à $\varphi = 60°$ (pour la neuvième rangée, voir figure 4.29) qui correspond à la transition laminaire-turbulent dans la couche limite, le second minimum correspond au point de décollement de la couche limite à $\varphi \in [130° - 150°]$. Ces résultats confirment ceux de Zukauskas [4].

4.2.2. Estimation du coefficient de transfert de chaleur sur une ailette circulaire pour le cas de régime transitoire

Dans cette partie, à partir de mesures simulées numériquement avec et sans bruits, nous déterminons le coefficient d'échange de chaleur dépendant du temps et de l'espace, sur les ailettes circulaires. Nous discutons l'effet de la position des capteurs et le bruit de mesure sur la solution estimée.

Nous présentons dans ce qui suit, les résultats obtenus par le programme développé en utilisant les données suivantes :

$R_0 = 10\ mm$, $R_1 = 50\ mm$, $e = 1\ mm$, $\lambda = 213\ W/(m.K)$, $\rho = 2700\ kg/m^3$ et $C_p = 1210\ J/(kg.K)$.

4.2.2.1. Cas 1 : Coefficient de transfert de chaleur indépendant du temps et de l'espace

Le coefficient de transfert de chaleur moyen à estimer est supposé constant sur toute la surface de l'ailette : $\overline{h_\varphi} = 60\ (W/m^2K)$.

Les solutions obtenues par la méthode inverse pour $\sigma = 0\ °C$, $\sigma = 1.\ °C$ sont montrées sur la figure 4.30. Comme nous pouvons le constater, les déviations des résultats de la solution exacte se produisent au début seulement. Pour le reste de la fonction et pour $\sigma = 0\ °C$, l'évolution temporelle obtenue par la simulation est en très bonne concordance avec celle que nous estimons. Cependant, pour $\sigma = 1.\ °C$, il y a des fluctuations des résultats autour du coefficient de transfert de chaleur exact.

122

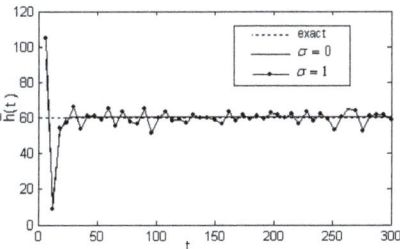

Figure 4.30 : *Coefficient de transfert de chaleur exact et estimé; cas 1:*
Coefficient de transfert de chaleur indépendant du temps et de l'espace.

4.2.2.2. Cas 2 : Coefficient de transfert de chaleur dépendant du temps

Le coefficient de transfert de chaleur est supposé sous la forme suivante :

$$\bar{h}(t) = 70\sin(0.6t) + 8 \tag{4.18}$$

Nous avons calculé les coefficients de transfert de chaleur pour trois différents cas de mesures ($\sigma = 0\,°C$, $\sigma = 0.5\,°C$ et $\sigma = 1.\,°C$). Les résultats obtenus sont représentés sur la figure 4.31. On peut observer un bon accord entre les coefficients de transfert de chaleur estimés et exact.

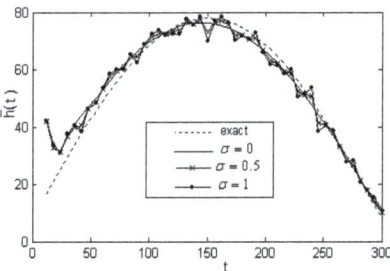

Figure 4.31 : *Coefficient de transfert de chaleur* exact *et estimé pour trois cas de mesure;*
cas 2 : Coefficient de transfert de chaleur dépendant du temps.

4.2.2.3. Cas3 : Coefficient d'échange de chaleur dépendant du temps et de l'espace

La variation du coefficient de transfert de chaleur dans l'espace et dans le temps est donnée par :

$$\bar{h}(\varphi,t) = 0.01t(50\sin\varphi + 10) \tag{3.19}$$

Les figures 4.32, 4.33 et 4.34 regroupent les résultats pour trois valeurs du temps : t=36 s, t=72 s et t=240 s. On peut remarquer sur celles-ci des petites déviations qui se produisent à $\varphi = 0°$ et à $\varphi = 180°$ correspondent aux points communs des deux

Limites Γ_1 et Γ_2. Ces résultats montrent aussi, pour ce cas, un très bon accord entre les solutions exactes et estimées pour tous les instants.

-Effet de la position des capteurs sur la solution

Pour trois positions de circonférences de capteurs (r=15 mm ou r= 12 mm), r=30 mm et r=45 mm, nous représentons, sur les figures 4.32 et 4.35, une comparaison entre les solutions exactes qui sont définies respectivement par la relation (4.19) et $\bar{h}(t) = 120 - e^{0.016t}$ et le coefficient de transfert de chaleur estimé. Dans les deux cas, r=30 mm et r=45 mm, les résultats obtenus sont tout à fait cohérents avec le coefficient d'échange de chaleur exact.

Comme nous pouvons le remarquer, sur ces figures qui correspondent respectivement à r= 12 mm et à r=15 mm, l'erreur de l'estimation des résultats augmente lorsque la circonférence de capteurs se rapproche de la frontière Γ_1.

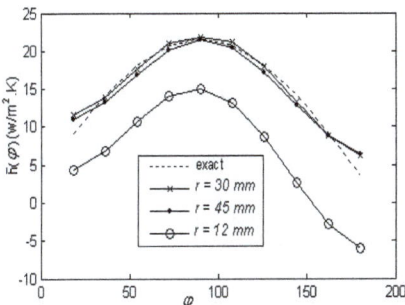

Figure 4.32 : *Coefficient de transfert de chaleur* exact *et estimés à l'instant t=36s pour trois différentes positions de capteurs; cas 3 : Coefficient de transfert de chaleur dépendant du temps et de l'espace.*

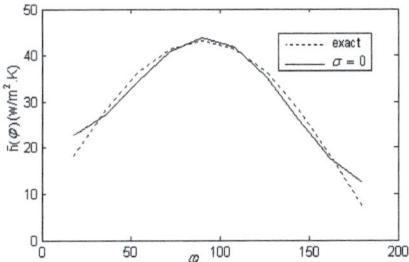

Figure 4.33 : *Coefficient de transfert de chaleur* exact *et estimé à l'instant t=72s pour la position de capteurs r=30 mm; cas 3 : Coefficient de transfert de chaleur dépendant du temps et de l'espace.*

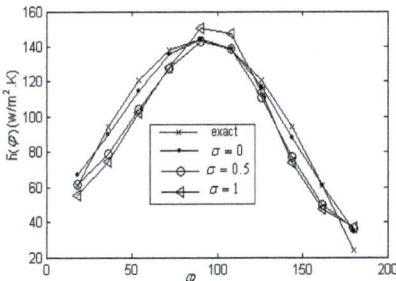

Figure 4. 34 : *Coefficient de transfert de chaleur* exact *et estimé à l'instant t=240s pour trois différentes erreurs de mesure et pour la position de capteurs r=30 mm; cas 3 : Coefficient de transfert de chaleur dépendant du temps et de l'espace.*

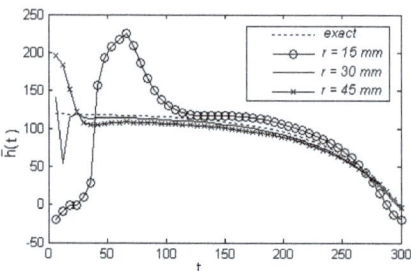

Figure 4.35 : *Coefficient de transfert de chaleur* exact *et estimé à l'instant t=240s pour trois différentes position de capteurs : Coefficient de transfert de chaleur dépendant du temps et de l'espace.*

Pour trois positions de circonférences de capteurs (r=15 mm ou r= 12 mm), r=30 mm et r=45 mm, nous représentons, sur les figures 4.32 et 4.35, une comparaison entre les solutions exactes qui sont définies respectivement par la relation (4.19) et $\bar{h}(t) = 120 - e^{0.016t}$ et le coefficient de transfert de chaleur estimé. Dans les deux cas, r=30 mm et r=45 mm, les résultats obtenus sont tout à fait cohérents avec le coefficient d'échange de chaleur exact.

4.3. Estimation du coefficient de transfert de chaleur sur la surface extérieure d'une configuration axisymétrique

Pour présenter et valider les résultats obtenus dans cette partie par le code établi dans ce travail, nous nous proposons le problème test illustré dans la figure (4.36). Il s'agit d'un tube ailetté parcouru par un fluide chaud ($h_{f\,int}$ = 40 W/m^2 K) et $T_{f\,int}$ = 60°C).

Le tube présentant des symétries suivant l'axe de révolution et les axes illustrés sur cette figure est refroidi par convection sur les surfaces extérieures du tube et de l'ailette. Le coefficient de transfert de chaleur $h(r, z)$ est considéré variable dans l'espace :

$$h(r,z) = \begin{cases} -1833.333(0.0075 - z) + 39; & r = 0.013; \quad z \in (0.0015, 0.0075) \\ 2000(0.013 - r) + 28; & r \in (0.013, 0.022); \quad z = 0.0015 \end{cases}$$

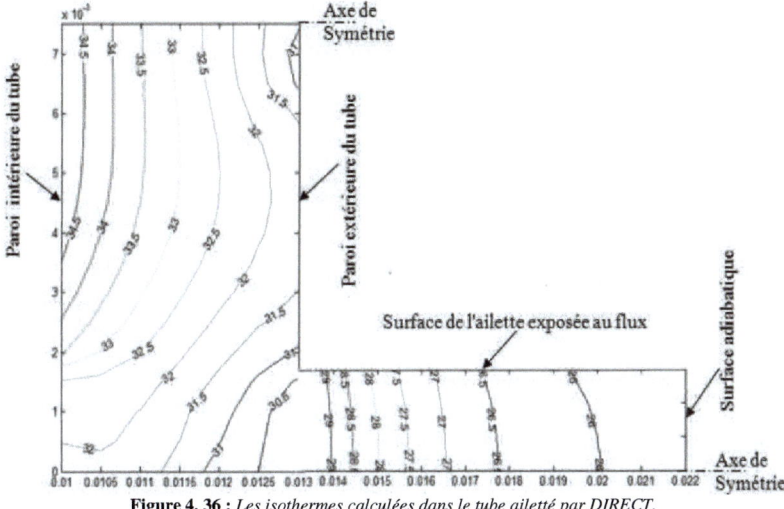

Figure 4. 36 : *Les isothermes calculées dans le tube ailetté par DIRECT.*

On représente sur cette figure les isothermes calculées par le module DIRECT ($T_f = 20$°C).

- Calcul inverse

Les températures simulées numériquement par DIRECT sont positionnées en $[r_m = 0.0125; \ z_m \in (0.0015, 0.0075)]$ et $[\ r \in (0.013, 0.022); \ z_m = 0.001]$.

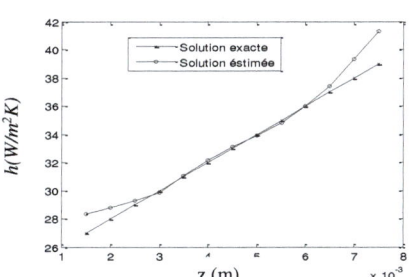

Figure 4. 37 : *Coefficients d'échange de chaleur exact et estimés sur la paroi extérieure du tube; $r_m = 0.013$; $z_m \in (0.0015, 0.0075)$*

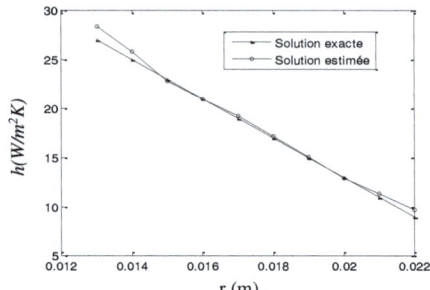

Figure 4. 37 : *Coefficients d'échange de chaleur exact et estimés sur la surface de l'ailette;* z_{mparoi} *extérieure du tube;* r_m= 0.013; $z_m = 0.015; r_m \in (0.013, 0.022)$.

A travers les résultats de l'estimation du coefficient de transfert de chaleur *h(r, z)*, figures (4.37) et (4.38), nous remarquons que les résultats estimé et exact sont quasi semblables.

Conclusion

Dans ce travail de thèse on s'est intéressé :

- D'une part à la résolution numérique de deux types de problèmes inverses pour estimer le coefficient de transfert de chaleur (problème inverse de conditions aux frontières et le problème des sources de chaleur volumiques dépendant de la température). Une analyse détaillée de l'influence de plusieurs paramètres sur la solution a été effectuée à savoir, le maillage, le nombre et les positions des capteurs et le bruit de mesures.

- D'autre part, à une étude quantitative et qualitative de transfert de chaleur sur des ailettes circulaires situées dans des faisceaux de tubes ailetés arrangés en lignes ou en quinconces.

Face aux diverses problèmes inverses liés à la conduction de la chaleur, nous avons opté pour la technique du gradient conjugué combinée avec la méthode des éléments finis pour les simuler numériquement. En se basant sur ces techniques numériques, nous avons développé un code de calcul général permettant de traiter les différents types de problèmes inverses cités précédemment.

La structure du programme source contient les modules essentiels qui assurent cette analyse inverse à savoir, le maillage du domaine de calcul même à géométrie compliquée, construction de matrices dans les deux cas linéaire et non linéaire, la résolution des systèmes algébriques pour les deux régimes (stationnaire et transitoire) et la minimisation de la fonction objectif pour estimer le coefficient d'échange thermique.

Les résultats obtenus par le programme établi dans ce mémoire de thèse, nous ont permis de dégager les conclusions suivantes :

- Les résultats de simulation ont été validés par comparaison à des résultats publiés dans une référence de renommée.

- Nous avons pu voir que les problèmes inverses liés aux bruits de mesures étaient mal posé et que la méthode de régularisation itérative est puissante pour sélectionner la solution la plus stable.

- Le choix des positions des capteurs est très important pour aboutir à des bons résultats : 1) leurs bons emplacements sont sur la frontière pour les problèmes inverse de conditions aux frontières; 2) il faut les éloigner de la base de l'ailette circulaire pour le problème d'estimation du coefficient de transfert thermique sur les surfaces de celle-ci.

- La méthode du gradient conjugué permet d'utiliser un nombre de capteurs inférieur au nombre de nœuds sur les frontières. Néanmoins, pour obtenir une meilleure solution et avec un nombre d'itérations réduits, on doit utiliser plus de capteurs.

- En ce qui concerne le transfert de chaleur sur les ailettes circulaires, on constate que le coefficient de transfert de chaleur $\overline{h_\varphi}$ augmente et l'efficacité de l'ailette diminue avec l'augmentation du nombre de

Reynolds. Cela explique bien la liaison entre le transfert de chaleur et l'écoulement sur les ailettes.

- $\overline{h_\varphi}$ dans la région avale de sillage est très petit part rapport à celui de la région amont. Ce coefficient atteint des valeurs maximales aux azimuts $\varphi = 0°$ dans le faisceau en quinconce et $\varphi = 60°$ dans le faisceau en ligne qui correspondent aux points d'impaction de l'écoulement sur les ailettes.

- Le transfert de chaleur est amorti dans la zone de décollement de la couche limite à $\varphi \in [130° - 150°]$.

- L'ailette échange plus de chaleur, en allant de la première à la quatrième rangée dans l'arrangement en ligne que dans l'arrangement en quinconce. Cependant, cette tendance est inversée à partir de la sixième rangée.

Comme perspective, en disposant cet outil de base de calcul, il est intéressant de poursuivre ce travail en étudiant Le transfert de chaleur :

- avec condensation d'air humide dans des faisceaux d'échangeurs à tubes à ailettes;

- avec dépôt de fines particules sur les ailettes;

- dans les panneaux solaires où on doit tenir en compte du rayonnement solaire;

- dans les milieux poreux ;

- dans le cas de givrage sur les ailettes ;

- dans le cas de la corrosion ;

- et enfin, dans d'autres formes géométriques d'ailettes.

Bibliographie

1. Gnielinski, Zukauskas et Skrinska (1983) Banks of plain and finned tubes. Heat exchangers design hand book. Hemisphere Publishing Corporation, Washington New York London.

2. Mon M S, Gross U (2004) Numerical study of fin-spacing effects in annular-finned tube heat exchangers. Int J Heat and Mass Transfer 47: 1953-1964

3. Bougriou C (1991) Etude de transfert de chaleur par condensation d'air humide sur des tubes à ailettes. Thèse de doctorat, Institut National des Sciences Appliquées de Lyon.

4. Zukauskas A (1987) Heat transfer from tubes in cross flow. Advances in heat transfer. Edited by Harnett J-P Irvine Jr. New York, academic press 18: 87-157

5. PFR Engineering systems, INC (1976) Heat transfer and pressure drop characteristics of dry tower extended surfaces. Marina del Rey, California. Rapport N° BNWL-PFR: 7-102

6. Brigs D E et Young E H (1963) Convection heat transfer and pressure drop of air flowing across triangular pitch banks of finned tubes. Chem. Eng. Pr. 59 (41): 1-10

7. Watel B, Harmand S et Desmet B (1999) Influence of flow velocity and fin spacing on the forced convective heat transfer from an annular-finned tube, JSME Int. J., Ser. 42: 56-64.

8. Chen H-T, Song J-P et Wang Y-T (2005) Prediction of heat transfer coefficient on the fin inside one-tube plate finned-tube heat exchangers. Int J Heat and Mass Transfer 48: 2697-2707

9. Hu X et Jacobi A M (1993) Local heat transfer behavior and its impact on a single-row, annularly finned tube heat exchanger. ASME J. Heat transfer 115: 66-74

10. Beck J V (1985) Inverse Heat Conduction. Ill-posed Problems, Wiley/Inter-science. New York

11. Yang C-Y (1999) Estimation of the temperature dependent thermal conductivity in inverse heat conduction problem. Appl Math Model 23:469-478

12. Le Niliot C (1998) The boundary element method for the time-varying strength estimation of point heat sources: Application to a Two-Dimensional Diffusion System. Numer Heat Transfer B 33:301-321

13. Bauzin J G, Laraki N (2004) Simultaneously estimation of frictional heat flux and two thermal contact parameters for sliding contacts. Numer Heat Transfer A 45: 313-328

14. Kim S, Chung B-J., Kim M C. et Kim K Y (2003) Inverse estimation of temperature-dependent thermal conductivity and heat capacity per unit volume with the direct integration approach. Numer Heat Transfer A 44: 521-535

15. Abboudi S et Artioukhine E. (2002) Two dimensional computational estimation of transient boundary conditions   for a flat specimen.

Proceedings of the 4rd International Conference on Inverse Problems Engineering: Theory and Practice, Rio, Brasil.

16. Aboukhachfe R et Jarny Y. Determination of heat sources and heat transfer coefficient for two-dimensional heat flow: Numerical and experimental study Int J Heat and Mass Transfer 44: 1309 -1322

17. Huang C-H, Ozisik M. N. et Sawaf B (1992) Conjugate gradient method for determining unknown contact conductance during metal casting. Int J Heat and Mass Transfer 35: 1779-1786.

18. Huang C-H, Yan J-Y (1995) An inverse problem in simultaneously measuring temperature-dependent thermal conductivity and heat capacity. Int J Heat and Mass Transfer 38: 3433-3441.

19. Huang C-H et Wang S-P (1999) A three-dimensional inverse heat conduction problem in estimating surface heat flux by conjugate gradient method. Int J Heat and Mass Transfer 42: 3387-3403.

20. Huang C-H, Hsu G-C. et Jang J-Y (2001) A nonlinear inverse problem for the prediction of local thermal contact conductance in plate finned-tube heat exchangers. Heat and Mass Transfer 37: 351-359

21. Lin J-H, Chen C-K. et Yang Y-T(1999) The inverse estimation of the thermal boundary behavior of a heated cylinder normal to a laminar air stream. Int J Heat and Mass Transfer 43: 3991-4001.

22. Pasquetti R et Le Nilliot C. (1990) Conduction inverse par éléments de frontière. Cas stationnaire. Revue Phys. Appl. 25: 99-107

23. Neal S-B et Hitchcock J-A (1966) A study of the heat transfer processes in banks of finned tubes in cross flow using a large scale model technique, Heat Transfer: Proc. 3rd Int. Heat. Transfer Conf, Chicago 3: 290-298

24. Saboya F E M et Sparrow E M (1976) Transfer characteristics of two-row plate fin and tube heat exchanger configurations. Int. J. Heat Mass Transfer 19: 41–49

25. Sung H J, Yang J S et Park T S (1995) Local convective mass transfer on circular cylinder with transverse annular fins in cross flow. Int J Heat Mass Transfer 39: 1093-1101

26. Rosman R C, Carajilescov et Saboya F E M (1984) Performance of one and two row and plate fin heat exchangers. ASME J Heat Transfer 106: 627-632

27. Rocha L A O, Saboya F E M et Vargas J V C (1997) A comparative study of elliptical and circular sections in one and two-row tubes and plate fin heat exchangers. Int J Heat Fluid Flow 18: 247-252

28. Kim J-Y. et Song T-H (2003) Effect of tube alignment on the heat/mass transfer from a plate fin and two-tube assembly: naphthalene sublimation results. Int J Heat and Mass Transfer 46: 3051–3059

29. Yoo S-Y., Kwon H-K et Kim J-H (2007) A study on heat transfer characteristics for staggered tube banks in cross-flow. Journal of Mechanical Science and Technology 21: 505-512

30. Li H D, Kottke V (1998) Visualization and Determination of Local Heat Transfer Coefficients in Shell-and-Tube Heat Exchangers for In-Line Tube Arrangement by Mass Transfer Measurements. Int J Heat and Mass Transfer 33:371-376

31. Bougriou C, Bessaih R, Le Gall R et Solecki J C (2004) Measurement of the temperature distribution on a circular plane fin by infrared thermography technique. Applied Thermal Engineering 24:813-825

32. Ay H., Jang J. Y et Yeh J. N (2002) Local heat transfer measurements of plate finned-tube heat exchangers by infrared thermography. Int J Heat and mass transfer 45: 4069-4078

33. Huang C H, Yuan I C, Ay H (2003) A three-dimensional inverse problem in imaging the local heat transfer coefficients for plate finned-tube heat exchangers. Int J Heat and Mass Transfer 46:3629-3638

34. Huang C-H, Tsai Y L (2005) A transient 3-D inverse problem in imaging the time-dependent local heat transfer coefficients for plate fin. Applied Thermal Engineering 25:2478–2495

35. Tutar M, Akkoca A (2004) Numerical analysis of fluid flow and heat transfer characteristics in three-dimensional plate fin-and-tube heat exchangers. Numerical Heat Transfer A 46:301-321

36. Erek A, Ozerdem B, Bilir L et Ilken Z (2005) Effect of geometrical parameters on heat transfer and pressure drop characteristics of plate fin and tube heat exchangers. Applied Thermal Engineering 25: 2421-2431

37. Taler J (2007) Determination of local heat transfer coefficient from the solution of inverse heat conduction. Forsch Ingenieurwes 71: 69-78

38. Sabota T et Taler J (2008) Determination of local heat transfer coefficient on the surface of longitudinally finned tubes. Forsch Ingenieurwes 72: 77-846.

39. Lage J (2001) Tube-to-tube heat transfer degradation effect on finned-tube heat exchangers. Numerical Heat Transfer A 39:321-337

40. Ibrahim T-A et Gomaa A (2009) Thermal performance criteria of elliptic tube bundle in crossflow. International journal of thermal 48 (11): 2148-2158

41. Chen H-T, Chou J C et Wang H C (2007) Estimation of heat transfer coefficient on a vertical plate fin of finned-tube heat exchangers for various air speeds and fin spacing. Int J Heat and Mass Transfer 50:45-578.

42. Chen H-T, Hsu W-L (2008) Estimation of heat transfer characteristics on a vertical annular circular fin of finned-tube heat exchangers in forced convection. Int J Heat and Mass Transfer 51:1920-1932.

43. Chen H-T et Chou J-C (2006) Investigation of natural-convection heat transfer coefficient on a vertical square fin of finned-tube heat exchangers, Int. J. Heat Mass Transfer 49: 3034–3044.

44. Chen H-T, Hsu W-L (2007), Estimation of heat transfer coefficient on the fin of annular finned-tube heat exchangers in natural convection for various fin spacings, Int. J. Heat Mass Transfer 50: 1750–1761.

45. Chen W-L, Yang Y-C, Lee H-L (2007) Inverse problem in determining convection heat transfer coefficient of an annular fin. Energy Conversion and Management 48:1081-1088

46. Nacer-Bey M, Russeil S et Boudoin B (2003) Effet de l'espacement interailettes sur la structure fer à cheval en amont d'un tube muni de deux ailettes. 16ème Congrès Français de Mécanique. Nice, France

47. Nacer-Bey M, Russeil S et Boudoin B (2002) Experimental study of the effect of flow velocity and fin spacing on the horseshoe vortex structure upstream of a one unit single-row-plate-finned tube. Proceeding of Eurotherm 71 on Visualization, Imaging and Data Analysis in Convective Heat and Mass Transfer; October 28-30, Reims, France.

48. Tribes C, Russeil S et Baudoin B (2000) Retention and draining of condensate on heat exchangers surfaces. Heidelberg.

49. Jason J-M (2003) Condensation des effluents gazeux dans les échangeurs de chaleur en présence d'incondensable. Thèse de doctorat, Université de Valenciennes et du Hainaut Cambrésis, France.

50. Comolet R (1994) Mécanique Expérementales des fluides, Tome I et II, Masson, Paris.

51. Bejan A et Kraus A D (2003) Heat Transfer Handbook. Wiley.

52. Perez J M (1989) Etude des écoulements locaux dans des faisceaux de tubes lisses (programme encrassement dans les récupérateurs). Note technique GRETH, CENG, Grenoble, France (89/162).

53. Perez J-M (1990) Dépôt anisothèrme de fines particule sur des surfaces lisses ou ailettées. Application a l'encrassement des échangeurs sur fumées de moteur diesel. Thèse de doctorat, Institut National des Sciences Appliquées de Lyon.

54. Weaver D S, Abd-Rabbo A (1985) A Flow Visualization Study of a Square Array of Tubes in Water Cross-flow. Journal of Fluids Engineering, 107: 354-363

55. Dhatt G et Touzot G (1984) Une présentation de la méthode des éléments finis. Maloine S.A editeur; Paris.

56. Hinton E et Owen D-R (1988) An Introduction to Finite Element Computations. Wiley, New York.

57. Wiliam B B (1990) A first course in the finite element method. R. R. Donnelley & Sons Company, USA.

58. Zienkiewics O C et Taylor R L (1991) 'La méthode des éléments finis : Formulation de Base et Problèmes linéaires', AFNOR.

59. Taler J, Duda P (2006) Solving direct and inverse heat conduction problems. Springer, Berlin.

60. Smith I M et Griffiths (1988) Programming the finite element method. Wiley, New york

61. Gerald C F (1977) Applied numerical analysis. Addison-Wesley Publishing Company, California.

62. Maillet D, Degiovani A et Pasquetti R (1991) Inverse heat conduction applied to the measurement of heat transfer coefficient on a cylinder : Comparison Between an Analytical and Boundary Element Technique. Journal of heat transfer, 113: 549-557.

63. Aboukhachfe R (2000) Résolution numérique de problèmes inverses 2D non linéaires de conduction de la chaleur par la méthode des éléments finis et l'algorithme du gradient conjugué. Thèse de doctorat, Université de Nantes, France.

64. OZISIK M N et ORLANDE H (2001) Inverse Heat Transfer: Fundamentals and Applications. Taylor and Francis, London.

65. Hadamard J (1923) Lectures on cauchy's problem in linear partial differential equations, Yale University Press, New Haven.

66. Petit D et Maillet D Janvier (2008) Techniques inverses et estimation de paramètres. Partie 2, Techniques de l'ingénieur, AF4516.

67. Ciarlet P G (1998) Introduction à l'analyse numérique matricielle et à l'optimisation. Dunod, Paris.

68. Tikhonov A et Arsenin V (1977) Solution of Ill-posed problems, Wiley, New York.

69. Alifanov O M (1994) Inverse heat transfer problems, Springer, Berlin.

70. Alifanov O M, Artyukhin E A et Rumyantsev S V (1995) Extreme methods for solving ill posed problems with applications to inverse heat transfer problems, Begell House, Inc., New York.

71. Hansen P C (2000) The L-curve and its use in the numerical treatment of inverse problems, Tech. Report, IMM-REP 99-15, Dept. of Math. Model, Tech. Univ. of Denmark.

72. Raynaud M et Bransier J A (1986) A new finite-difference method for the nonlinear inverse heat conduction problem. Numerical Heat Transfer 9: 27-42.

73. Raynaud M (1998) Le problème inverse de conduction de la chaleur, Techniques de l'Ingénieur, BE 8265: 1–17.

74. Behbahani-nia A et Kowsary F (2004) A dual reciprocity BE-based sequential function specification solution method for inverse heat conduction problems. Int J Heat and Mass Transfer 47: 1247-1255.

75. Pasquetti R et Le Nilliot C(1990) Conduction inverse éléments de frontière. Cas stationnaire. Revue Phys. Appl. 25: 99-107.

76. Benmachiche A-H, Bougriou C et Abboudi S (2010) Inverse determination of the heat transfer characteristics on a circular plane fin in a finned-tube bundle. Heat and Mass Transfer 46: 1367-1377.

77. Benmachiche A-H, Abboudi S et Bougriou C (2010) Estimation of space and time dependent heat transfer coefficient of an annular fin. Fifth International Conference on Thermal Engineering: Theory and Applications. Marrakesh, Morocco.

Printed by Books on Demand GmbH, Norderstedt / Germany